高等学校信息技术类新方向新动能新形态系列规划教材

教育部高等学校计算机类专业教学指导委员会 –Arm 中国产学合作项目成果

Arm 中国教育计划官方指定教材

arm 中国

RFID
原理与应用

陈晓凌 黄凤英 ◉ 主编

吴天宝 魏滢 张朝贤 林伟琼 陈炳飞 刘瑞州 邓丹枫 ◉ 副主编

U0265025

人 民 邮 电 出 版 社

北 京

图书在版编目（CIP）数据

RFID原理与应用 / 陈晓凌，黄凤英主编. -- 北京：
人民邮电出版社，2020.6（2023.12重印）
高等学校信息技术类新方向新动能新形态系列规划教
材
ISBN 978-7-115-53468-2

Ⅰ. ①R… Ⅱ. ①陈… ②黄… Ⅲ. ①无线电信号—射
频—信号识别—高等学校—教材 Ⅳ. ①TN911.23

中国版本图书馆CIP数据核字(2020)第073897号

内 容 提 要

本书注重物理概念的诠释，避免晦涩的理论内容介绍，循序渐进地全面讲解了射频识别（RFID）
的概念、工作原理及应用实例，重视技术的实现与综合应用，突出了知识体系的完整性，使读者能
够系统掌握 RFID 技术。全书共 11 章，主要内容包括：RFID 技术概述、RFID 系统的构成及工作原理、
RFID 使用频率和电磁波的工作特性、RFID 天线技术、RFID 射频前端、RFID 编码与调制、RFID 防碰
撞技术、RFID 系统数据传输的安全性、RFID 的标准体系、物联网的典型架构（EPC 系统）、RFID 的
应用实例。

本书可作为高等院校物联网工程、物流信息技术、信息管理等专业的教材，也可供关注 RFID 技
术的读者学习参考。

◆ 主　　编　陈晓凌　黄凤英
　　副 主 编　吴天宝　魏　滢　张朝贤　林伟琼　陈炳飞
　　　　　　　刘瑞州　邓丹枫
　　责任编辑　祝智敏
　　责任印制　王　郁　陈　犇
◆ 人民邮电出版社出版发行　　北京市丰台区成寿寺路 11 号
　　邮编　100164　电子邮件　315@ptpress.com.cn
　　网址　https://www.ptpress.com.cn
　　山东华立印务有限公司印刷
◆ 开本：787×1092　1/16
　　印张：12.75　　　　　　　2020 年 6 月第 1 版
　　字数：298 千字　　　　　2023 年 12 月山东第 7 次印刷

定价：45.00 元

读者服务热线：(010)81055256　印装质量热线：(010)81055316
反盗版热线：(010)81055315
广告经营许可证：京东市监广登字 20170147 号

编委会

拥抱万亿智能互联未来

在生命刚刚起源的时候，一些最最古老的生物就已经拥有了感知外部世界的能力。例如，很多原生单细胞生物能够感受周围的化学物质，对葡萄糖等分子有趋化行为；并且很多原生单细胞生物还能够感知周围的光线。然而，在生物开始形成大脑之前，这种对外部世界的感知更像是一种"反射"。随着生物的大脑在漫长的进化过程中不断发展，或者说直到人类出现，各种感知才真正变得"智能"，通过感知收集的关于外部世界的信息开始通过大脑的分析作用于生物本身的生存和发展。简而言之，是大脑让感知变得真正有意义。

这是自然进化的规律和结果。有幸的是，我们正在见证一场类似的技术变革。

过去十年，物联网技术和应用得到了突飞猛进的发展，物联网技术也被普遍认为将是下一个给人类生活带来颠覆性变革的技术。物联网设备通常都具有通过各种不同类别的传感器收集数据的能力，就好像赋予了各种机器类似生命感知的能力，由此促成了整个世界数据化的实现。而伴随着 5G 技术的成熟和即将到来的商业化，物联网设备所收集的数据也将拥有一个全新的、高速的传输渠道。但是，就像生物的感知在没有大脑时只是一种"反射"一样，这些没有经过任何处理的数据的收集和传输并不能带来真正进化意义上的突变，甚至非常可能在物联网设备数量以几何级数增长的情况下，由于巨量数据传输造成 5G 等传输网络的拥堵甚至瘫痪。

如何应对这个挑战？如何赋予物联网设备所具备的感知能力以"智能"？我们的答案是：人工智能技术。

人工智能技术并不是一个新生事物，它在最近几年引起全球性关注并得到飞速发展的主要原因，在于它的三个基本要素（算法、数据、算力）的迅猛发展，其中又以数据和算力的发展最为重要。物联网技术和应用的蓬勃发展使得数据累计的难度越来越低；而芯片算力的不断提升使得过去只能通过云计算才能完成的人工智能运算，现在已经可以下沉到最普通的设备上完成。这使得在端侧实现人工智能功能的难度和成本都得以大幅降低，从而让物联网设备拥有"智能"的感知能力变得真正可行。

物联网技术为机器带来了感知能力，而人工智能则通过计算算力为机器带来了决策能力。二者的结合，正如感知和大脑对自然生命进化所起到的必然性决定作用，其趋势将无可阻挡，并且必将为人类生活带来巨大变革。

　　未来十五年，或许是这场变革最最关键的阶段。业界预测到，2035年，将有超过一万亿个智能设备实现互联。这一万亿个智能互联设备将具有极大的多样性，它们共同构成了一个极端多样化的计算世界。而能够支撑起这样一个数量庞大、极端多样化的智能物联网世界的技术基础，就是 Arm。正是在这样的背景下，Arm 中国立足中国，依托全球最大的 Arm 技术生态，全力打造先进的人工智能物联网技术和解决方案，立志成为中国智能科技生态的领航者。

　　万亿智能互联最终还是需要通过人来实现，具备人工智能物联网（AIoT）相关知识的人才，在今后将会有更广阔的发展前景。如何为中国培养这样的人才，解决目前人才短缺的问题，也正是我们一直关心的。通过和专业人士的沟通发现，教材是解决问题的突破口。一套高质量、体系化的教材，将起到事半功倍的效果，能让更多的人成长为智能互联领域的人才。此次，在教育部计算机类专业教学指导委员会的指导下，Arm 中国能联合人民邮电出版社一起来打造这套智能互联丛书——高等学校信息技术类新方向新动能新形态系列规划教材，感到非常的荣幸。我们期望借此宝贵机会，和广大读者分享我们在 AIoT 领域的一些收获、心得以及发现的问题；同时渗透并融合中国智能类专业的人才培养要求，既反映当前最新技术成果，又体现产学合作新成效。希望这套丛书能够帮助读者解决在学习和工作中遇到的困难，能够提供更多的启发和帮助，为读者的成功添砖加瓦。

　　荀子曾经说过："不积跬步，无以至千里。"这套丛书可能只是帮助读者在学习中跨出一小步，但是我们期待着各位读者能在此基础上励志前行，找到自己的成功之路。

安谋科技（中国）有限公司执行董事长兼 CEO　吴雄昂
2019 年 5 月

人工智能是引领未来发展的战略性技术，是新一轮科技革命和产业变革的重要驱动力量，将深刻地改变人类社会生活、改变世界。促进人工智能和实体经济的深度融合，构建数据驱动、人机协同、跨界融合、共创分享的智能经济形态，更是推动质量变革、效率变革、动力变革的重要途径。

近几年来，我国人工智能新技术、新产品、新业态持续涌现，与农业、制造业、服务业等各行业的融合步伐明显加快，在技术创新、应用推广、产业发展等方面成效初显。但是，我国人工智能专业人才储备严重不足，人工智能人才缺口大，结构性矛盾突出，具有国际化视野、专业学科背景、产学研用能力贯通的领军型人才、基础科研人才、应用人才极其匮乏。为此，2018 年 4 月，教育部印发了《高等学校人工智能创新行动计划》，旨在引导高校瞄准世界科技前沿，强化基础研究，实现前瞻性基础研究和引领性原创成果的重大突破，进一步提升高校人工智能领域科技创新、人才培养和服务国家需求的能力。由人民邮电出版社和 Arm 公司联合推出的"高等学校信息技术类新方向新动能新形态系列规划教材"旨在贯彻落实《高等学校人工智能创新行动计划》，以加快我国人工智能领域科技成果及产业进展向教育教学转化为目标，不断完善我国人工智能领域人才培养体系和人工智能教材建设体系。

"高等学校信息技术类新方向新动能新形态系列规划教材"包含 AI 和 AIoT 两大核心模块。其中，AI 模块涉及人工智能导论、脑科学导论、大数据导论、计算智能、自然语言处理、计算机视觉、机器学习、深度学习、知识图谱、GPU 编程、智能机器人等人工智能基础理论和核心技术；AIoT 模块涉及物联网概论、嵌入式系统导论、物联网通信技术、RFID 原理及应用、窄带物联网原理及应用、工业物联网技术、智慧交通信息服务系统、智能家居设计、智能嵌入式系统开发、物联网智能控制、物联网信息安全与隐私保护等智能互联应用技术。

综合来看，"高等学校信息技术类新方向新动能新形态系列规划教材"具有三方面突出亮点。

第一，编写团队和编写过程充分体现了教育部深入推进产学合作协同育人项目的思想，既反映最新技术成果，又体现产学合作成果。 在贯彻国家人工智能发展战略要求的基础上，以"共搭平台、共建团队、整体策划、共筑资源、生态优化"的全新模式，打造人工智能专业建设和人工智能人才培养系列出版物。知名半导体知识产权（IP）提供商 Arm 公司在教材编写方面给予了全面支持，丛书主要编委来自清华大学、北京大学、北京航空航天大学、北京邮电大学、南开大学、哈尔滨工业大学、同济大学、武汉大学、西安交通大学、西安电子科技大学、南京大学、南京邮电大学、厦门大学等众多国内知名高校人工智能教育领域。

从结果来看，"高等学校信息技术类新方向新动能新形态系列规划教材"的编写紧密结合了教育部关于高等教育"新工科"建设方针和推进产学合作协同育人思想，将人工智能、物联网、嵌入式、计算机等专业的人才培养要求融入了教材内容和教学过程。

第二，以产业和技术发展的最新需求推动高校人才培养改革，将人工智能基础理论与产业界最新实践融为一体。众所周知，Arm 公司作为全球最核心、最重要的半导体知识产权提供商，其产品广泛应用于移动通信、移动办公、智能传感、穿戴式设备、物联网，以及数据中心、大数据管理、云计算、人工智能等各个领域，相关市场占有率在全世界范围内达到 90%以上。Arm 技术被合作伙伴广泛应用在芯片、模块模组、软件解决方案、整机制造、应用开发和云服务等人工智能产业生态的各个领域，为教材编写注入了教育领域的研究成果和行业标杆企业的宝贵经验。同时，作为 Arm 中国协同育人项目的重要成果之一，"高等学校信息技术类新方向新动能新形态系列规划教材"的推出，将高等教育机构与丰富的 Arm产品联系起来，通过将 Arm 技术用于教育领域，为教育工作者、学生和研究人员提供教学资料、硬件平台、软件开发工具、IP 和资源，未来有望基于本套丛书，实现人工智能相关领域的课程及教材体系化建设。

第三，教学模式和学习形式丰富。"高等学校信息技术类新方向新动能新形态系列规划教材"提供丰富的线上线下教学资源，更适应现代教学需求，学生和读者可以通过扫描二维码或登录资源平台的方式获得教学辅助资料，进行书网互动、移动学习、翻转课堂学习等。同时，"高等学校信息技术类新方向新动能新形态系列规划教材"配套提供了多媒体课件、源代码、教学大纲、电子教案、实验实训等教学辅助资源，便于教师教学和学生学习，辅助提升教学效果。

希望"高等学校信息技术类新方向新动能新形态系列规划教材"的出版能够加快人工智能领域科技成果和资源向教育教学转化，推动人工智能重要方向的教材体系和在线课程建设，特别是人工智能导论、机器学习、计算智能、计算机视觉、知识工程、自然语言处理、人工智能产业应用等主干课程的建设。希望基于"高等学校信息技术类新方向新动能新形态系列规划教材"的编写和出版，能够加速建设一批具有国际一流水平的本科生、研究生教材和国家级精品在线课程，并将人工智能纳入大学计算机基础教学内容，为我国人工智能产业发展打造多层次的创新人才队伍。

教育部人工智能科技创新专家组专家

教育部科技委学部委员　　　　　　　　焦李成

IEEE/IET/CAAI Fellow　　　　　　　2019 年 6 月

中国人工智能学会副理事长

前言

射频识别（Radio Frequency Identification，RFID）是通过无线射频方式获取物体的相关数据，并对物体加以识别的一种非接触式自动识别技术。RFID 可以识别高速运动的物体，可以同时识别多个目标，可以实现远程读取数据，也可以工作于各种恶劣的环境。RFID 无须人工干预即可完成物体信息的采集和处理，能快速、实时、准确地输入和处理物体的信息。RFID 技术将对社会的经济、军事、安全等诸多领域产生深远影响，其被认为是 21 世纪最有发展前景的信息技术之一。

物联网（Internet of Things，IoT）起源于 RFID 的应用领域。在物联网中，RFID 可以对物体实现透明化追踪、通信与管理，是实现物联网的基石。RFID 和互联网技术等相结合，可以实现全球范围内物体的跟踪及其信息的共享，从而赋予物体智能，实现人与物、物与物的沟通，最终构成联通万事万物的物联网。

本书主要面向应用型人才培养，注重知识的基础性、系统性和应用性，重点介绍 3 部分内容：一是介绍物联网的系统架构，分析物联网与 RFID 的关系，使读者能够领悟 RFID 在物联网中的地位与作用；二是介绍 RFID 的工作原理，其可构成完整的物联网 RFID 解决方案；三是介绍 RFID 的应用实例，使读者认识到在物联网时代，RFID 将对社会的各个领域产生重大影响。

本书通过 11 章内容全面介绍 RFID 技术，包括 RFID 技术概述、RFID 系统的构成及工作原理、RFID 使用频率和电磁波的工作特性、RFID 天线技术、RFID 射频前端、RFID 编码与调制、RFID 防碰撞技术、RFID 系统数据传输的安全性、RFID 的标准体系、物联网的典型架构（EPC 系统），最后介绍 RFID 的应用实例。为了适合教学需要，各章均附有习题，书最后附有主要的参考文献。

本书第 01、02 章由黄凤英编写，第 03 章由林伟琼编写，第 04 章由张朝贤编写，第 05 章由陈炳飞编写，第 06、08 章由吴天宝编写，第 07 章由魏滢编写，第 09 章由陈晓凌编写，第 10 章由邓丹枫编写，第 11 章由刘瑞州编写。此外，黄凤英负责拟定本书的编写大纲，陈晓凌负责审核全稿。在此，由衷感谢各位老师的努力与付出。

本书的教学参考学时为 36 ~ 48 学时，建议为本书的教学配备相应的实践环节。

限于笔者的知识水平和认知能力，书中难免存在不当之处，敬请同行专家和广大读者予以指正。大家可将修改建议和对本书的改进内容发送到编者的邮箱：fyhuang@xujc.com。

编者

2020 年春于厦门

目录 CONTENTS

01

RFID 技术概述

02

RFID 系统的构成及工作原理

03

RFID 使用频率和
电磁波的工作特性

07

RFID 防碰撞技术

08

RFID 系统数据传输的
安全性

09

RFID 的标准体系

10

物联网的典型架构：EPC
系统

11

RFID 的应用实例

RFID 技术概述

01 chapter

本章导读

物联网是在互联网的基础上，将其用户端延伸到任何物品并进行信息交换和通信的一种网络。物联网被视为继计算机、互联网之后世界信息产业的第三次浪潮。RFID 技术是实现物联网的关键技术，是一种非接触式的自动识别技术。RFID 技术与互联网、移动通信等技术相结合，可以实现全球范围内物体的跟踪及其信息的共享，从而给物体赋予智能，实现人与物、物与物的沟通，最终构成联通万事万物的物联网。

本章主要介绍物联网和 RFID 技术的基本概况。首先，介绍物联网的概念、物联网与 RFID 的关系；然后，介绍自动识别技术的概念以及不同自动识别技术的比较；最后，介绍 RFID 技术的发展历程、现状及所面临的问题。

教学目标

- 掌握物联网与 RFID 技术的概念。
- 掌握自动识别技术的概念。
- 了解自动识别技术的分类。
- 了解 RFID 技术的发展现状和趋势。
- 掌握 RFID 技术应用所面临的问题。

　　RFID 技术是实现物联网的关键技术。RFID 技术利用射频信号实现无接触信息传递，识别过程无须人工干预即可完成物品信息的采集与传输，进而实现对物品的透明化追踪与管理。RFID 技术被称为 21 世纪最具发展前景的技术之一。RFID 技术如同物联网的触角，使自动识别物联网中的每一个物体成为可能。

1.1.1　物联网的概念

　　物联网是利用条码、RFID 技术、传感器、全球定位系统（Global Positioning System，GPS）、机器视觉系统等采集物体信息，并通过无线或有线、长距离或短距离通信网络传输并交换终端"万物"的信息，从而实现对"万物"的智能化识别、定位、追踪、监控与管理的庞大网络系统。简而言之，物联网是物物相联的互联网，如图 1-1 所示。我们之所以将物联网称为物物相联的互联网，是因为：第一，物联网的核心与基础仍然是互联网，其是在互联网的基础上延伸和扩展的一种网络；第二，物联网的用户端被延伸和扩展到了任何物体，即物体之间可直接进行信息的交换与通信。

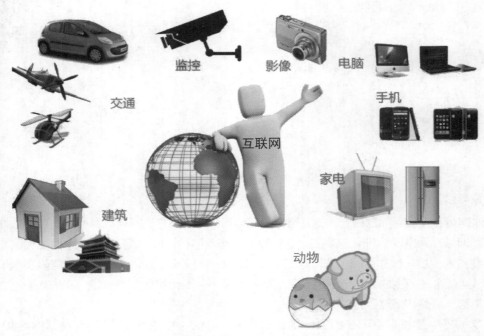

图 1-1　物物相联的互联网

　　从体系架构上来看，物联网可分为 3 层：感知层、网络层和应用层，如图 1-2 所示。

　　感知层相当于人体的皮肤和五官，主要利用 RFID 技术、传感器技术与无线传感网络技术实现对物理世界的信息采集与物体识别，并通过通信模块将物理实体连接到网络层和应用层。网络层相当于人体的神经中枢和大脑，通过互联网、移动互联网的各类通信协议与技术传递并处理通过感知层获取的信息，进而实现物理世界与虚拟世界的对接。应用层可以根据不同的行业需求实现不同的应用，如绿色农业、工业监控、智能家居、智能交通等，应用层可以说是物联网和用户之间的接口，用户可以是人、组织或其他系统。

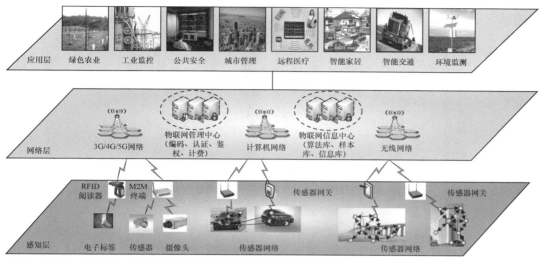

图 1-2　物联网的体系架构

物联网是新一代信息技术的重要组成部分，被视为继计算机、互联网之后世界信息产业的第三次浪潮。

1.1.2　RFID 技术的概念

RFID 技术是一种利用射频信号进行无接触信息传递，进而实现自动识别物理对象的技术。RFID 技术可用于识别高速运动的物体，可同时识别多个目标对象，可实现数据远程读取，还可被应用于各种恶劣环境。

RFID 技术利用电子标签与阅读器进行无线通信，其中，电子标签附着在物品上，携带有物品的信息；阅读器用于对电子标签进行数据读取、识别与追踪。在阅读器读取了物品的信息后，信息可被传送到互联网上，随后，人们就可以通过互联网获取物品的信息了。

1.1.3　物联网与 RFID 技术的关系

RFID 技术是物联网感知层的一种重要的信息采集技术，也是物联网的核心支撑技术。RFID 技术将物联网的触角延伸和扩展到了任何物体之上，是促进物联网发展的最重要的技术之一。

在物联网的构想中，每个物品都有一个电子标签，电子标签中存储着相应物品的信息。RFID 技术利用阅读器自动采集电子标签的信息，再通过网络将其传输到中央信息系统。在物联网环境中，RFID 技术通过电子标签将"智能"嵌入到物理对象当中，让简单的物理对象也能"开口说话"。电子标签具有唯一的 ID 号，类似于互联网中计算结点的"IP 地址"，可使物理对象被唯一地识别。RFID 技术提供了一种低成本的通信方式以实现结点间的有效联通，在无源的环境下，实现了物理对象的"被动智能"，为"物与物相联"提供了根本保障。

在互联网时代，人与人之间的距离变近了。而在继互联网时代之后出现的物联网时代，物联网利用 RFID 技术将人与物、物与物之间的距离变近了。

自动识别通常指利用机器进行识别的技术。随着人类社会的发展，人们获取和处理的信息量不断增大，仅靠传统方法采集和处理输入信息，劳动强度大，数据误码率高。以计算机和通信技术为基础的自动识别技术，可以在各种工作环境下实现信息的自动采集，使人们能够及时、准确地对大量数据信息进行处理。

自动识别技术是构建全球物品信息实时共享的物联网体系的重要组成部分。

1.2.1 自动识别技术的概念

识别也称辨识，是指对不同事物差异的区分。自动识别技术就是应用一定的识别装置，对字符、条码、声音、图像、信号等记录数据的载体进行机器识别，自动地获取被识别物品的相关信息，并提供给后台计算机处理系统以完成相关信息处理的一种技术。自动识别技术可以应用于制造、物流、防伪和安全等领域，是集计算机、光、电、通信和网络技术于一体的高新技术。

1.2.2 自动识别技术的分类

自动识别技术的本质在于利用被识别物理对象具有辨识度的特征对物理对象进行区分，这些特征可以是物理对象自带的生物特征，如指纹、人脸等，也可以是被赋予的信息编码，如条码、电子产品码（Electric Product Code，EPC）等。目前，自动识别技术主要包括生物识别技术、条码识别技术、磁卡识别技术、集成电路（Integrated Circuit，IC）卡识别技术以及 RFID 技术等，此外，还有图像识别技术、光学字符识别技术等。

1. 生物识别技术

生物识别技术是指通过识别人类生物特征进行身份认证的一种技术。人类的生物特征通常具有可测量或可自动识别与验证、遗传性或终身不变性等特点，因此，生物识别技术较传统识别技术具有较大的优势。比较典型的生物识别技术有指纹识别技术、人脸识别技术和语音识别技术等。

（1）指纹识别技术

指纹是指人的手指末端正面皮肤上凹凸不平的纹线，如图 1-3 所示。每个人的指纹都是独一无二的，并且它们的复杂度足以用于特征鉴别。指纹识别技术正是利用指纹的终身不变性、唯一性和方便性等特点，来识别和验证用户身份的。

典型的指纹识别包括采集指纹图像、提取指纹特征、保存特征数据和比对指纹特征 4 个过程。首先，通过指纹采集设备读取人体指纹图像，读取到指纹图像之后，对图像进行初步处理，使之更清晰。其次，通过指纹辨识软件建立指纹的数字标识，提取指纹的特征数据；然后，将提取出的指纹特征数据进行保存。最后，当要进行指纹识别时，通过计算机把当前采集到的指纹特征数据和之前保存的指纹特征数据进行比较，计算出它们的相似程度，进而得到指纹的匹配结果。

目前，指纹识别技术较为成熟，且应用广泛，其不仅应用于门禁、考勤、银行支付系统中，还在笔记本计算机、手机等智能终端的身份认证领域得到了应用。但指纹很容易被遗留，随着技术的发展，指纹复制也变得越来越容易，这导致其非常容易被人非法获取，进而使指纹识别不再可靠。

（2）人脸识别技术

人脸识别技术是基于人的脸部特征，对输入的人脸图像或者视频流进行特征分析，即分析每张脸的位置、大小和各个面部主要器官的位置信息，并依据这些信息提取每张脸中所蕴涵的身份特征。当进行人脸识别时，将其与已知的人脸进行对比，即可识别人的身份，如图1-4所示。

图1-3　指纹

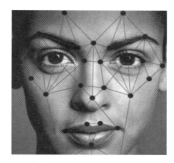

图1-4　人脸识别

一般来说，人脸识别系统包括图像摄取、人脸定位、图像预处理以及人脸识别（身份确认或者身份查找）。系统输入的信息一般是一张或者一系列含有未确定身份的人脸图像，以及数据库中的若干已知身份的人脸图像或者相应的编码；而其输出则是一系列相似度得分，表明待识别人脸的身份。

（3）语音识别技术

语音识别技术利用每个人发音的音调和音色的不同来辨别人的身份。语音识别的原理是将说话人的声音转换为数字信号，并将其声音特征与已存储的某说话人的声音特征进行比较，以确定该声音是否为这个人的声音，进而证实说话人的身份。

总体来说，人类生物特征具有唯一性，这一生物密钥无法复制、失窃或被遗忘。利用生物识别技术进行身份认定，安全、可靠、准确；相反，常见的口令、钥匙则存在丢失、遗忘及被盗用等诸多不利因素，且识别效率低。生物识别技术借助于现代计算机技术实现，很容易同安全、监控、管理系统整合，以实现快速、准确的自动化识别与管理。

2. 条码识别技术

条码由一组条、空和数字符号组成，如图1-5所示，按一定的编码规则排列，用以表示一定的字符、数字及符号等信息。

图1-5　条码组成

条码识别是指利用红外光或可见光进行的识别，需要经历扫描和译码两个过程。扫描器主要分为光笔、电荷耦合元件（Charge-Coupled Device，CCD）、激光 3 种。当扫描器光源发出红外光或可见光到条码上时，深色的"条"吸收光，而浅色的"空"则会将光反射回扫描器，扫描器内部的光电转换器根据反射光信号的强弱，将光信号转换成相应的电信号。电信号输出到扫描器的放大电路进行信号增强之后，再传送到整形电路以将模拟信号转换成数字信号。根据条和空的宽度的不同，相应转换的电信号持续时间长短不同。译码器通过测量脉冲数字电信号（0 和 1）的个数来判别条和空的数目，通过测量 0 和 1 信号连续的个数来判别条和空的宽度，再根据对应的编码规则，如欧洲物品编码（European Article Number，EAN）规则等，将条码转换成相应的数字和字符信息。这些信息经由计算机管理系统进行相应的数据处理，物品的详细信息就可以被识别了。

条码的分类有多种，按长度可分为定长和非定长条码，按排序方式可分为连续型和非连续型条码，按校验方式可分为自动校验和非自动校验条码，按应用可分为一维条码和二维条码。条、空图案对数据的不同编码方法，构成了不同形式的码制。

（1）一维条码

一维条码有多种码制，包括 Code25 码、Code39 码、Code93 码、Code128 码、EAN-8 码、EAN-13 码、ITF25 码、Matrix 码、UPC-A 码和 UPC-E 码等。图 1-6 给出了 4 种常用的一维条码的样图。

图 1-6　常用的一维条码样图

一维条码的组成次序依次为左侧静空区、起始符、数据符、校验码、终止符、右侧静空区。条码下方的一组数字称为识读字符，供机器不能扫描时手动输入使用。

静空区：指条码外端两侧无任何符号及信息的白色区域，主要用于提示扫描器准备扫描。当两个条码相距较近时，静空区则有助于对它们加以区分。

起始/终止符：位于条码开始/结束处的若干条与空，用于标识一个条码的开始/结束，同时提供码制识别信息和阅读方向信息。

数据符：承载数据的部分。

校验码：用于判别识读的信息是否正确。

目前，最流行的一维条码是 EAN-13 码。EAN-13 码由 13 位数字组成，其中前 3 位数字为前缀码，我国的前缀码为"690～692"。当前缀码为"690""691"时，第 4～7 位数字为厂商代码，第 8～12 位数字为产品代码，第 13 位数字为校验码。当前缀码为"692"时，第 4～8 位数字为厂商代码，第 9～12 位数字为产品代码，第 13 位数字为校验码。EAN-13 码的构成如图 1-7 所示。

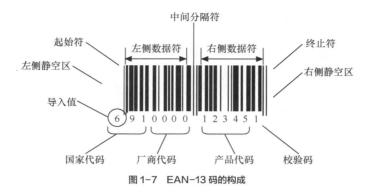

图1-7　EAN-13 码的构成

（2）二维条码

受信息容量的限制，一维条码通常是对物品的标识，而不是对物品的描述。二维条码技术是在一维条码无法满足实际应用需求的情况下产生的。二维条码能够在水平和垂直两个方向同时表示信息，因而能在很小的面积内表达更多的信息。

二维条码用某种特定的几何图形（如按一定规律在平面上分布的黑白相间的图形）记录数据符号信息，通过图像输入设备或光电扫描设备自动识读，以实现信息的自动处理。

二维条码也有许多不同的编码方法，常用的码制有 Data matrix、QR Code、Maxi code、PDF417、Code49、Code 16K 和 Code one 等。图 1-8 给出了 3 种常用的二维条码样图。

（a）Data matrix　　　（b）QR Code　　　（c）PDF417

图1-8　常用的二维条码

条码的优点：

① 条码易于制作，对印制设备和材料无特殊要求，成本低廉，易于推广；

② 条码采用激光读取信息，数据输入速度快，识别准确；

③ 识别设备结构简单、操作容易，无须专门训练。

条码的缺点：

① 扫描仪必须对着条码才能成功读取条码信息；

② 如果印有条码的横条或者电子标签被撕裂、有损或者脱落，就无法识别这些商品；

③ 条码只能标识制造商和产品类别，而不能标识某一件具体唯一的商品。

3. 磁卡识别技术

磁卡是由一定材料的片基和均匀涂布在片基上的微粒磁性材料制成的，是一种卡片状的磁性记录介质。磁卡利用磁性载体记录字母、字符及数字信息，通常用于标识身份或其他用途。磁卡记录信息的方法是变化磁性物质的极性（如 S-N 和 N-S）。一部解码器可以识读到磁卡内的这种磁性变换，并将它们转换为字母或数字的形式，以便计算机来处理。磁卡和阅读器如图1-9 所示。磁卡的基片由高强度、耐高温的塑料或纸质涂覆塑料制成，能防潮、耐磨且具有一定的柔韧性，携带方便。磁卡数据可读可写，具有现场改变数据的能力。磁卡使用方便，造价便宜，应用领域广泛，如信用卡、银行卡、电话卡等。

图1-9 磁卡和阅读器

磁卡的缺点为数据存储的时间长短受磁性粒子的极性耐久性的限制。另外，磁卡存储数据的安全性一般较低。

4. IC 卡识别技术

IC 卡是一种电子式数据自动识别卡。IC 卡通过集成电路存储信息。人们可将一个微电子芯片嵌入到卡基中，做成卡片形式，并通过卡片表面的 8 个金属触点与读卡器进行物理连接，以实现通信和数据交换。图 1-10 是一张 IC 卡的样图。

图1-10 某IC 卡样图

IC 卡按照是否带有微处理器分为存储卡和智能卡两类。存储卡仅包含存储芯片而无微处理器，一般的电话 IC 卡即为此类卡。若将带有内存和微处理器芯片的大规模集成电路嵌入到塑料基片中，则可制成智能卡，银行的 IC 卡通常为智能卡。

IC 卡的外形与磁卡相似，它与磁卡的区别主要在于存储数据的媒体不同。磁卡是通过卡上磁条的磁场变化来存储信息的，而 IC 卡是通过嵌入卡中的电擦除可编程只读存储器（Electrically Erasable Programmable Read only Memory，EEPROM）来存储数据信息的。IC 卡的信息存储在芯片中，不易受到干扰与损坏，安全性高，保密性好，使用寿命长；另外，IC 卡的信息容量大（远高于磁卡），更便于存储个人资料和信息。

5. RFID 技术

RFID 技术是一种利用射频信号实现无接触信息传递的技术，可快速、实时、准确地采集和处理信息。与传统识别方式相比，RFID 技术无须与目标识别对象进行直接接触、无须光学可视、无须人工干预即可完成信息输入与处理，操作方便快捷，可识别高速运动物体，并可同时识别多个目标，被广泛用于生产、物流、交通运输、医疗、防伪、跟踪、设备和资产管理等需要收集和处理数据的应用领域。

近年来，RFID 因其所具备的远距离读取、高存储量等特性而备受关注。它不仅可以帮助企业大幅提高货物信息管理的效率，还可以使销售企业和制造企业实现信息互联，从而更加准确地接收反馈信息，控制需求信息，优化整个供应链。在统一的标准平台上，RFID 电子标签在整条供应链内的任何时候都可提供产品的流向信息，让每个产品信息具有了共同的沟通语言。通过计算机、互联网可实现物品的自动识别和信息的交换与共享，进而实现对物品的透明化管理，构建真正意义上的物联网。

RFID 技术与传统的条码识别技术相比有很大的优势，主要表现在以下 7 个方面。

（1）电子标签读取数量

条形阅读器一次只能扫描一个条码，而 RFID 阅读器可同时读取多个 RFID 电子标签。

（2）电子标签尺寸与形状要求

RFID 阅读器在读取电子标签时，不受尺寸大小与形状的限制，无须为了读取精确度而设定纸张的固定尺寸和印刷品质。此外，RFID 电子标签可向小型化与多样化发展，以应用于不同产品。

（3）抗污染能力和耐久性

传统条码的载体是纸张，容易受到污染，而 RFID 对水、油和化学品等物质具有很强的抵抗性。此外，由于条码是附着在塑料袋或外包装纸箱上的，所以容易受到折损；而 RFID 电子标签将数据存储在芯片中，因此可以免受污损。

（4）重复使用性

条码印刷后就无法更改，而 RFID 电子标签则可以重复地新增、修改和删除。RFID 电子标签存储数据的方式更便于更新。

（5）穿透性

在被覆盖的情况下，RFID 能穿透纸张、木材和塑料等非金属或非透明材质，进行穿透性通信。条码阅读器则必须在近距离且没有物体阻挡的情况下读取条码。

（6）数据容量

条码存储数据的容量有限，而 RFID 数据的存储容量比条码的容量大很多。随着存储载体的发展，数据容量还可不断扩大。未来物品所须携带的信息量会越来越大，对电子标签所能存储数据容量的需求也会相应增加。

（7）安全性

RFID 承载的是电子式信息，其数据内容可经由密码保护，与使其不易被伪造及更改。

1.3 RFID 技术的发展

1.3.1 RFID 技术的发展历程

RFID 并不是一个崭新的技术，其首次应用可以追溯到第二次世界大战期间（约 20 世纪 40 年代）。在"不列颠空战"中，由于德国"BF-109"战机与英国的"飓风 MK.I"战机、"喷火 MK.I"战机十分相似，因此为了分辨敌方战机和我方战机，英国空军在战机上使用了 RFID 技术。1948 年，哈里·斯托克曼发表的"利用反射功率的通信"奠定了 RFID 的理论基础。20 世纪 50 年代是 RFID 技术的探索阶段。20 世纪 60 年代是 RFID 技术应用的初始期，一些公司在开发电子监控设备来保护财产、防止偷盗时引入了 RFID 技术，如 1 位的电子标签系统被用于商场防盗。20 世纪 70 年代是 RFID 技术应用的发展期，RFID 技术成为人们研究的热门课题，出现了一系列 RFID 技术的研究成果。美国政府通过 Los Alamos 科学实验室将 RFID 技术引入民间，最先在商业中应用于牲畜身上。20 世纪 80 年代是 RFID 技术应用的成熟期。当时，RFID 技术已经被广泛应用于各个领域，从门禁管理、牲畜管理到物流管理，都可以见到其踪迹。20 世纪 90 年代是 RFID 技术应用的推广期，许多国家配置了大量的 RFID 电子收费系统，并将 RFID 技术用于安全和控制系统，使 RFID 的应用日益繁荣。但直至 20 世纪 90 年代后期，RFID 技术标准化问题在商业化应用浪潮的推动下才得到了人们的重视。

21 世纪以来，RFID 标准初步形成及技术的不断更新与发展，极大地推动了 RFID 技术的研究和应用。RFID 产品多种多样，成本也不断下降，这为 RFID 技术的应用规模扩大奠定了良好的基础。目前，RFID 技术已趋于成熟，RFID 产品种类更加丰富，并广泛应用于物流和供应管理、生产制造和装配、航空行李处理、快运包裹处理、文档追踪、图书馆管理、动物身份标识、运动计时、门禁控制、电子门票、道路自动收费、食品安全监控等场景。

RFID 技术的发展基本可按 10 年期划分为表 1-1 所示的几个阶段。

表 1-1　RFID 技术的发展历程

时间	主要发展
1941～1950 年	雷达的改进和应用催生了 RFID 技术，1948 年奠定了 RFID 技术的理论基础
1951～1960 年	早期 RFID 技术的探索阶段，主要开展实验室研究
1961～1970 年	RFID 技术的理论得到了发展，开始了一些应用尝试
1971～1980 年	RFID 技术与产品研发处于大发展时期，各种 RFID 技术测试得到加速，也出现了一些早期的 RFID 应用
1981～1990 年	RFID 技术及产品进入商业应用阶段，各种规模应用开始出现
1991～2000 年	RFID 技术标准化问题日趋得到重视，RFID 产品得到广泛应用，RFID 产品逐渐成为人们生活中的一部分
2001～2010 年	多国及组织制定了一系列相关标准，且 RFID 产品种类更加丰富，电子标签成本不断降低，规模应用行业扩大
2011 年至今	物联网的发展推动了 RFID 技术的发展与应用

1.3.2　RFID 技术的发展现状与趋势

本小节主要从 RFID 技术标准、应用及技术研究 3 个方面介绍 RFID 技术的发展现状与趋势。

1. 标准

目前，还未形成完善的关于 RFID 技术的国际和国内标准。RFID 技术的标准化涉及标识编码规范、操作协议规范及应用系统接口规范等多个部分。其中，标识编码规范包括标识长度、编码方法等；操作协议规范包括空中接口、命令集合、操作流程等。当前，主要的 RFID 技术相关标准有欧美的 EPCglobal、日本的泛在识别码（Ubiquitous ID，UID）和国际标准化组织/国际电工委员会（International Organization for Standardization/International Electro Technical Commission，ISO/IEC）18000 系列。

RFID 的标准化是当前亟须解决的重要问题，编码管理、核心技术及数据库是未来 RFID

工作的重点。目前，欧美许多国家也陆续开始制定自己的标准，如何让这些标准相互兼容，让一个 RFID 产品能顺利地在世界范围内流通是未来标准发展的方向。各国及相关国际组织都在积极推进 RFID 技术标准的制定。

2．应用

随着技术的进步，RFID 产品的种类不断丰富，RFID 应用领域也日益扩大，RFID 技术将得到极大的普及。目前，RFID 的典型应用包括：在制造领域主要用于生产数据的实时监控、质量追踪和自动化生产等；在物流领域主要用于物流过程中的货物追踪、信息自动采集、仓储应用、港口应用和邮政快递等；在零售领域主要用于商品的销售数据实时统计、补货和防盗等；在医疗领域主要用于医疗器械管理、病人身份识别和婴儿防盗等；在身份识别领域主要用于电子护照、身份证和学生证等各种电子证件；在军事领域主要用于弹药管理、枪支管理、物资管理、人员管理和车辆识别与追踪等；在防伪安全领域主要用于贵重物品防伪、票证防伪、汽车防盗和汽车定位等；在资产管理领域主要用于贵重的、危险性大的、数量大且相似性高的各类资产管理；在交通领域主要用于出租车管理、公交车枢纽管理、铁路机车识别、集装箱与行李包裹追踪、高速公路不停车收费（Electronic Toll Collection，ETC）等，其中不停车收费系统如图 1-11 所示；在食品领域主要用于水果与蔬菜生长和生鲜食品保鲜等；在图书领域主要用于书店、图书馆和出版社的书籍资料管理等；在动物领域主要用于动物驯养、宠物识别管理和野生动物追踪等；在农业领域主要用于畜牧牲口和农产品生长的监控等，确保绿色农业和农产品的安全；在智能家居领域主要用于家中各类电子产品、通信产品和信息家电的互联互通，以实现智能家居。

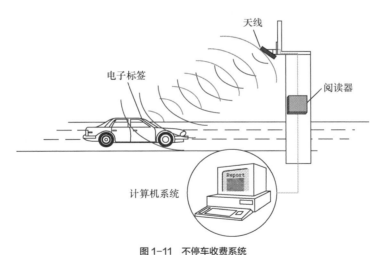

图 1-11　不停车收费系统

目前，RFID 应用研究的热点主要包括物流与实物互联网、空间定位与跟踪和普适计算等多个方面。

（1）物流与实物互联网

RFID 将构建虚拟世界与物理世界的桥梁。实物互联网通过给物品贴上 RFID 电子标签，在现有互联网的基础之上构建所有参与流通的物品信息网络。实物互联网的建立将对物品的生产、制造、运输、销售、使用、回收等各个环节进行标识和联网管理可见。通过实物互联网，世界上任何物品都可以随时随地、按需地被追踪和监控。

（2）空间定位与跟踪

现有的定位服务系统主要包括卫星定位的 GPS 系统、红外线或超声波定位系统以及移动网络定位系统。而 RFID 为空间定位与跟踪服务提供了一种新的解决方案。RFID 定位与跟踪系统主要利用电子标签对物体的唯一标识特性，依据阅读器与安装在物体上的电子标签之间射频通信的信号强度来测量物品的空间位置，主要应用于室内定位。

（3）普适计算

RFID 电子标签可以通过与传感器技术结合，集成到现有的微型传感器设备中，以感知周围物品和环境的温度、湿度、光照等状态信息，并利用无线通信技术把这些环境信息传递到后台系统，使人们可以实时自动获取环境信息。构建未来普适计算的基础设施，让计算无处不在，主动地、按需地为人们提供服务。

在不久的将来，RFID 技术不仅会在各行各业被广泛应用，也会与互联网技术、空间定位与跟踪、普适计算技术等相融合，还将对人类社会产生深远影响。

3．技术研究

目前，RFID 技术研究主要集中在工作频率选择、天线设计、防碰撞技术和安全与隐私保护等方面。

（1）工作频率选择

工作频率选择是 RFID 技术中的一个关键问题。工作频率的选择既要适应各种不同应用的需求，还要考虑各国对无线电频段使用和发射功率的规定。工作频率既影响电子标签的性能和尺寸大小，还影响电子标签与阅读器的价格。RFID 在不同工作频段具有不同的优缺点。

经过多年的发展，13.56 MHz 以下的 RFID 技术相对成熟，目前业界最关注的是位于超高频段的 RFID 技术，特别是 860～960 MHz 频段的远距离 RFID 技术（发展得最快）；而 2.45 GHz 和 5.8 GHz 频段由于产品拥挤、易受干扰、技术相对复杂，因此，相关研究和应用仍处于探索阶段。

（2）天线设计

天线是一种以电磁波形式把无线电收发机的射频信号功率接收或发射出去的装置。根据不同的应用场合，RFID 电子标签通常需要贴在不同类型、不同形状的物体表面，甚至需要嵌入到物体内部；RFID 电子标签在要求低成本的同时，还要求有高的可靠性；此外，电子标签天线和阅读器天线还分别承担着接收能量和发射能量的任务，这些因素对天线的设计提出了严格的要求。当前，对 RFID 天线的研究主要集中在天线结构和环境因素对天线性能的影响上。

天线结构决定了天线方向图、极化方向、阻抗特性、驻波比、天线增益和工作频段等特性。方向性天线由于具有较少回波损耗，比较适合电子标签应用；由于 RFID 电子标签放置方向不可控，因此阅读器天线必须采取圆极化方式（其天线增益较小）；天线增益和阻抗特性会对 RFID 系统的作用距离产生较大影响；天线的工作频段对天线尺寸以及辐射损耗有较大影响。

天线特性会受所标识物体的形状及物理特性影响，如金属物体对电磁信号有衰减作用，金属表面对信号有反射作用，弹性基层会造成电子标签及天线变形，物体尺寸对天线大小有一定的限制等。人们根据天线的以上特性提出了多种解决方案，如采用曲折型天线解决尺寸限制问题，采用倒 F 型天线解决金属表面反射问题等。

天线特性还受天线周围物体和环境的影响。障碍物会妨碍电磁波传输；金属物体产生电磁屏蔽，会导致阅读器无法正确地读取电子标签的内容；其他宽频带信号源（如发动机、水泵、发电机和交直流转换器等）也会产生电磁干扰，影响电子标签的正确读取。如何减少电磁屏蔽和电磁干扰是 RFID 技术研究的一个重要方向。

（3）防碰撞技术

鉴于多个电子标签工作在同一频率，当它们处于同一个阅读器作用范围内时，在没有采取多址访问控制机制的情况下，信息传输过程将产生冲突，进而导致信息读取失败。同时，多个阅读器之间的工作范围重叠也将造成碰撞。根据电子标签工作频段的不同，人们提出了不同的防碰撞算法。对于电子标签冲突，在高频频段，电子标签的防碰撞算法一般采用经典 ALOHA 协议。使用 ALOHA 协议的电子标签，可通过选择经过一个随机时间向阅读器传送信息这一方法来避免碰撞。绝大多数高频阅读器能同时扫描几十个电子标签。在超高频频段，主要采用树分叉算法来避免碰撞。与采用 ALOHA 协议的高频频段电子标签相比，采用树分叉算法的超高频频段电子标签泄漏的信息更多，安全性更差。

（4）安全与隐私保护

RFID 安全与隐私保护集中在对个人用户的隐私保护、对企业用户的商业秘密保护、防范对 RFID 系统的攻击以及利用 RFID 技术进行安全防范等多个方面。面临的挑战是：保证用户的电子标签信息不被未经授权访问，以保护用户在消费习惯、个人行踪等方面的隐私；避免非法分子利用 RFID 系统读取速度快，可以迅速对超市中所有商品进行扫描并跟踪变化的特性，来窃取用户的商业机密；防护对 RFID 系统的各类攻击，如重写电子标签以窜改物品信息等；使用特制设备伪造电子标签，应答欺骗阅读器，以制造物品存在的假相；根据 RFID 前后向信道的不对称性远距离窃听电子标签信息；通过干扰 RFID 工作频率实施拒绝服务攻击；通过发射特定电磁波破坏电子标签等。

1.3.3　RFID 技术面临的问题

在现阶段，RFID 技术仍有一些关键性的问题亟待解决。

1. 成本问题

成本问题严重制约了 RFID 技术的拓展速度。发展 RFID 产业、实现 RFID 技术规模化应用必须解决 RFID 的成本问题。无论是在欧美等发达国家，还是在我国，推广 RFID 应用的关键问题之一是将其成本降下来。成本偏高，使 RFID 应用必将受到一定程度的限制。目前 RFID 技术主要在对电子标签成本不敏感的高端领域被用户接受，更多地是应用到物流单元、大的包装单元而不是单品上。业界普遍认为，当电子标签的成本降低到 5 美分时，可满足大多数单品标识应用的需求，而目前电子标签的成本离预期目标还有一定的差距，但未来这个差距会越来越小。另外，RFID 电子标签的成本还与用量有关，用量越多则成本就越低。现在一些行业已经启动了 RFID 单品级应用，随着电子标签用量的增加，电子标签成本将不断下降，继而带动其他行业的应用。

2. 标准制定问题

完善的标准体系对一项新技术的应用推广至关重要。要在更大范围内应用 RFID，就必须制定一个统一的、开放的技术标准，而目前国际上并没有统一的 RFID 标准, ISO/IEC、EPCglobal、UID、全球自动识别制造商协会（Automatic Identification Manufacturers，AIM）等多种标准体系共存，还有许多国家和地区正在制定适合自己的相应标准。标准的不统一是制约 RFID 技术快速发展的重要因素，特别是关于数据格式的定义标准，因为数据格式的标准问题涉及各个国家自身的利益和安全。标准的不统一也使各个厂家推出的 RFID 产品互不兼容，这势必会阻碍未来 RFID 产品的互通与发展。因此，如何使标准相互兼容，让 RFID 产品能顺利地在民用范围中流通是当前亟待解决的问题。

3．技术问题

RFID 技术的应用覆盖各行各业，需要建立适合 RFID 产业特点的宏观支撑环境。我们可以通过政府引导、应用带动、企业主导、标准支撑、广泛合作等举措，建立良好的产业宏观支撑环境。

虽然 RFID 电子标签的单项技术已经趋于成熟，但 RFID 技术的应用是一项非常复杂的综合性、系统性的应用，对于每个新的应用环境、应用流程或应用模式来说，都将面临新的技术问题。所以，随着应用领域的不断扩展，RFID 相关技术也须不断发展。

4．安全和隐私问题

安全问题是一个永恒的话题，不论技术如何发展，都将面临一些新的安全问题。RFID 系统的安全攻击可能来自于电子标签攻击、阅读器攻击、网络攻击以及数据攻击等，面对这些安全问题，研究者和应用商需要不断地寻求解决方案，以在电子标签资源有限的情况下建立具有一定安全强度的安全机制。

RFID 有一个重要的特点是具有追踪物品的功能，尤其是在消费性商品上的使用。商品的 RFID 信息存在被少部分人刻意收集，从而侵犯他人隐私权的可能。因此，RFID 的大量应用还存在许多不确定性。

面对以上安全和隐私问题，还需各国主管机关制定相关法规进行解决。

1.4　本章小结

RFID 技术是一种自动识别技术，它利用射频信号实现无接触信息传递，从而达到自动识别物理对象的目的。在物联网中，物品能够彼此进行"交流"，其实质就是利用 RFID 技术等自动识别技术实现对全球范围内物品的跟踪与信息共享。相比条码识别、生物识别等其他自动识别技术，RFID 无须直接接触、无须光学可视、无须人工干预即可完成信息输入与处理，具有操作方便快捷、可识别高速运动物体等特点，应用领域更加广泛。

RFID 技术已经拥有较长的应用历史，而信息技术在各行业的广泛应用又为 RFID 技术提供了更广阔的发展前景，因此，RFID 技术发展潜力巨大。

1.5　思考与练习

1. 什么是物联网？什么是 RFID 技术？RFID 技术工作在物联网中的哪一层？
2. 什么是自动识别技术？条码、磁卡和 IC 卡的识别原理是什么？
3. 简述自动识别技术的分类方法。
4. 简述 RFID 技术的发展历程。
5. 简述物联网 RFID 技术应用的现状与未来。

RFID 系统的构成及工作原理

02 chapter

本章导读

    RFID 系统一般由电子标签、阅读器和系统高层构成。RFID 系统利用无线射频信号在阅读器和电子标签之间进行非接触双向数据传输,以达到目标识别和数据交换的目的。在 RFID 系统中,电子标签用于标识物体,阅读器用于读写电子标签的信息,系统高层主要用于管理电子标签和阅读器。

    本章将主要介绍 RFID 系统的基本组成、工作原理、性能指标和分类方法。通过本章的学习,读者可以对 RFID 系统、电子标签、阅读器和系统高层有一个基本的认识。

教学目标

- 掌握 RFID 的组成和工作原理。
- 了解 RFID 系统的分类。
- 掌握 RFID 系统部件的功能。

2.1 RFID 系统的基本组成、工作原理及特征

RFID 系统一般由电子标签、阅读器和系统高层组成。电子标签用于标识物体，通过无线射频信号与阅读器进行数据传输；阅读器解析系统高层的读写命令，并将其传送给电子标签，再把电子标签返回的数据传送到系统高层；系统高层负责完成电子标签数据信息的存储，并负责对阅读器和电子标签进行控制和管理等。

2.1.1 RFID 系统的基本组成

RFID 系统因应用的不同，其组成也会有所不同。典型的 RFID 系统由电子标签、阅读器和系统高层 3 部分构成。RFID 系统的基本组成如图 2-1 所示，下面对系统的各个组成部分进行简单介绍。

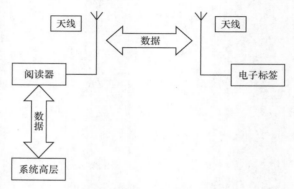

图 2-1　RFID 系统的基本组成

1. 电子标签

电子标签是 RFID 系统的数据载体，一般由芯片及天线组成，附在物体上以标识物体。每个电子标签具有唯一的电子编码，用于存储被识别物体的相关信息。

2. 阅读器

阅读器是指利用射频技术读取或写入电子标签信息的设备。RFID 系统工作时，一般先由阅读器发射一个特定的询问信号，电子标签感应到这个信号后会给出应答信号。阅读器接收到应答信号后会首先对其进行处理，然后将处理后的信息通过 RS-232、通用串行总线（Universal Serial Bus，USB）等接口返回给系统高层进行处理。

RFID 系统中的阅读器和电子标签均配备天线。天线用于产生磁通量，磁通量用于向无源电子标签提供能量，并在阅读器和电子标签之间传送信息。

3. 系统高层

一般情况下，系统高层包含中间件、应用软件以及数据库等。中间件可提供通用的接口以及管理不同的阅读器；应用软件是直接面向 RFID 应用的最终用户的人机交互界面，其可协助使用者完成对阅读器的指令操作以及对中间件的逻辑设置。应用软件可以集成到现有的电子商务和电子政务平台中，与企业资源计划（Enterprise Resource Planning，ERP）、客户关系管理

（Customer Relationship Management，CRM）、仓储管理系统（Warehouse Management System，WMS）等软件结合，以提高各行业的生产效率。数据库用于存储和管理 RFID 系统中的数据。

有些简单的 RFID 系统只有一个阅读器，一次只对一个电子标签进行操作，如公交车上的票务系统。而有些复杂的 RFID 系统会有多个阅读器，每个阅读器要同时对多个电子标签进行操作，这就需要系统高层协助处理。RFID 系统的数据处理、数据传输和通信管理都由系统高层完成。

2.1.2　RFID 系统的工作原理

RFID 系统是一种易于操控、简单实用且特别适用于自动化控制的应用系统，其主要利用射频信号实现对被识别物体的自动识别。射频专指具有一定波长，可用于无线电通信的电磁波。

RFID 系统的工作原理是：由阅读器通过发射天线发送特定频率的射频信号，当电子标签进入阅读器天线的有效工作区域时，电子标签天线会产生足够的感应电流，此时电子标签电路获得能量而被激活，并将自身的编码信息通过内置的天线发送出去；阅读器的接收天线接收到从电子标签发送来的无线射频信号，并将信号传送到阅读器的射频模块进行解调，再经读写处理模块解码后送至后台系统高层；系统高层根据接收到的信息进行相应的判断和处理，然后又发出相关指令信号，以控制阅读器完成对电子标签不同的读、写操作。

根据 RFID 系统的工作原理，电子标签主要由内置天线、射频模块、控制模块与存储模块构成，阅读器主要由天线、射频模块、读写模块、时钟和电源构成。另外，有些电子标签自身含有电池。RFID 系统的结构框图如图 2-2 所示。

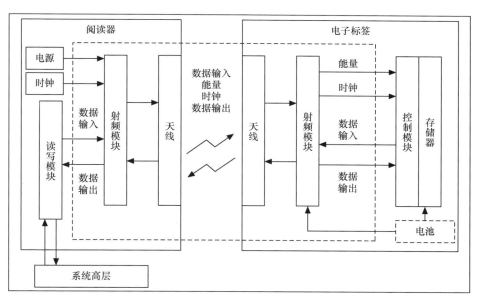

图 2-2　RFID 系统的结构框图

电子标签与阅读器之间通过天线架起空间电磁波的传输通道,两者之间的通信及能量耦合类型包含电感耦合与电磁反向散射耦合，如图 2-3 所示。电磁反向散射耦合与电感耦合的差别是：在电磁反向散射耦合方式中，阅读器将射频能量以电磁波的形式发送出去；在电感耦合方式中，阅读器将射频能量束缚在电感线圈周围，通过交变闭合的线圈磁场，连通阅读器线圈与电子标签线圈之间的射频通道，而没有向空间辐射电磁能量。

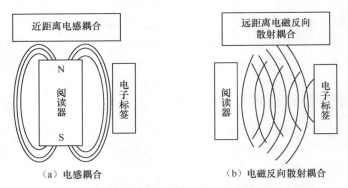

图 2-3　电子标签与阅读器间的耦合方式

电感耦合方式采用变压器模型，通过空间高频交变磁场实现耦合，依据的是电磁感应定律。阅读器的天线相当于变压器的一次绕组，电子标签的天线相当于变压器的二次绕组。电感耦合方式的耦合介质是空间耦合磁场，空间耦合磁场在阅读器一次绕组与电子标签二次绕组之间构成闭合回路。电感耦合方式一般适用于低高频工作的近距离无接触 RFID 系统。

电磁反向散射耦合方式采用雷达原理模型，发射出去的电磁波碰到目标后反射，同时带回目标信息，依据的是电磁波空间传输规律。如图 2-4 所示，功率 P_1 是从阅读器天线发射出来的，其（由于自由空间衰减）只有一部分到达电子标签天线。到达电子标签天线的功率 P_1' 为电子标签天线提供电压，整流后为电子标签芯片供电。P_1' 的一部分被天线反射，其反射功率为 P_2。反射功率 P_2 经自由空间后到达阅读器，被阅读器天线接收。阅读器无线接收的信号经收发耦合器电路传输至收发器，放大后经电路处理获得有用信息。电磁反向散射耦合方式一般用于微波工作的远距离 RFID 系统。

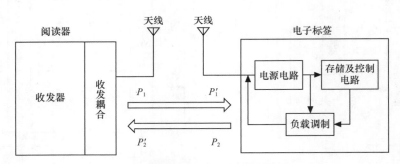

图 2-4　电磁反向散射耦合原理模型

2.1.3　RFID 系统的性能指标

RFID 系统的性能指标包括：工作频率、数据传输速率、读写距离、多个电子标签识别能力、数据载体、控制模块和能量供应等。

1. 工作频率

工作频率是 RFID 系统的一个重要特征。工作频率与读写距离密切相关，是由电磁波的传播特性决定的。通常把 RFID 系统的工作频率定义为阅读器识别电子标签时发送射频信号所使用的频率，其通常被称为阅读器发送频率。RFID 系统阅读器的工作频率基本上可划分为 3 个范围：低频（30～300 kHz），高频（3～30 MHz）和微波（300 MHz 以上）。

2. 数据传输速率

对于大多数数据采集系统来说，数据传输速率是非常重要的因素。当今产品生产周期不断缩短，要求读取和更新电子标签的时间也越来越短。微波系统可以高速工作，但微波技术本身的复杂性使其在速度上的提高得不偿失。

3. 读写距离

RFID 系统的读写距离相差很大，一般跟工作频率有关。读写距离为几毫米的 RFID 电子标签可被嵌入证件或物品中，用于身份识别等；而在物联网中应用时，RFID 系统通常需要 3 m 或 3 m 以上的读写距离，以及快速识别许多电子标签的能力。有些应用甚至需要几十米的读写距离。

4. 多个电子标签识别能力

由于读写距离的增加，在实际应用中，有可能在识别区域内同时出现多个电子标签，从而提出了多标签同时识别的要求。目前，先进的 RFID 系统均将多标签识别能力作为系统的一个重要特征。

5. 数据载体

为了存储数据，RFID 系统的存储器一般使用 EEPROM、铁电随机存取存储器（Ferroelectric Random Access Memory，FRAM）或静态随机存取存储器（Static Random-Access Memory，SRAM）。大多数的 RFID 系统主要使用 EEPROM。但使用 EEPROM 的缺点是写入过程的功率消耗很大，使用寿命一般为写入 10 万次。个别厂家使用 FRAM。与 EEPROM 相比，FRAM 的写入功率消耗少，写入时间少。但 FRAM 由于生产工艺不够成熟，至今未获得广泛应用。工作在微波频段的 RFID 系统，还可以使用 SRAM。SRAM 写入数据快，但断电后容易丢失数据。为了永久保存数据，微波系统的电子标签需要用辅助电池进行不中断供电。

6. 控制模块

电子标签的控制模块通常由逻辑控制单元或处理器（Central Processing Unit，CPU）构成，主要完成存储器的读写、数据编/解码及防碰撞等操作。逻辑控制单元在最简单的情况下，可由一台状态机实现。使用状态机可以实现复杂的系统，但状态机的缺点是修改编程的功能缺乏灵活性，如果要修改则需要重新设计新的芯片，因此实现修改的成本大。

含有微处理器的电子标签拥有独立的 CPU 和芯片操作系统。在生产芯片时，工作人员可将管理应用的数据操作系统通过掩膜方式集成到微处理器中。微处理器控制单元可以灵活地支持不同的应用需求，修改方便，且系统的安全性高。

此外，还有利用各种物理效应存储数据的电子标签，包括只读的 1 位电子标签和声表面波电子标签。

7. 能量供应

RFID 系统的另一个重要特征是电子标签有无电源。无源的电子标签没有电源，其工作所需的所有能量必须从阅读器发出的电磁场中获取。而有源的电子标签包含电池，可以为微型芯片的工作提供全部或部分能量。

2.1.4 RFID系统的分类

根据系统的特征，RFID系统有多种分类。常用的分类方法有：按照工作频率分类、按照供电方式分类、按照作用距离分类、按照技术方式分类、按照保存信息方式分类、按照系统档次分类和按照工作方式分类等。具体的分类方式介绍如下。

1. 按照工作频率分类

RFID系统工作频率的选择，要顾及其他无线电服务，不能对其他服务造成干扰和影响。通常情况下，阅读器发送的频率称为系统的工作频率或载波频率。按工作频率可将RFID系统分为低频（Low Frequency，LF）、高频（High Frequency，HF）与微波（Microwave Frequency，MF）系统3种。

（1）低频系统

低频系统的工作频率范围为30～300 kHz，而常见的低频RFID系统的工作频率是125 kHz和134.2 kHz。低频系统采用电磁感应方式进行通信，具有穿透性好、抗金属和液体干扰能力强等特性。低频系统读取距离一般在10 cm以内。目前，低频RFID技术比较成熟，主要用于距离短、数据量低的RFID系统中。

（2）高频系统

高频系统的工作频率范围为3～30 MHz，而常见的高频RFID系统的工作频率是6.75 MHz、13.56 MHz和27.125 MHz，其中13.56 MHz使用最为广泛。高频系统采用电磁感应方式进行通信，具有良好的抗金属与液体干扰特性，读取距离大多在1 m以内，一般具备读写与防碰撞功能。高频系统的特点是电子标签的内存比较大，是目前应用比较成熟、使用范围较广的系统。

（3）微波系统

微波系统的工作频率大于300 MHz，常见的微波RFID系统的工作频率是433.92 MHz、860～960 MHz、2.45 GHz和5.8 GHz等，其中工作频率在433.92 MHz、860～960 MHz的系统也常被称为超高频（Ultra High Frequency，UHF）系统。超高频RFID系统传输距离远，具备防碰撞性能，并且具有锁定与消除电子标签的功能。超高频系统主要应用于对多个电子标签同时进行操作、需要较长的读写距离和较高读写速度的场合，是目前RFID系统研发的核心，是物联网的关键技术。

微波系统因其工作频率高，在RFID系统中传输速率最快，但抗金属和液体能力最差。被动式微波系统主要使用反向散射耦合方式进行通信，传输距离较远。如果要加大传输距离，则可以改为主动式。微波系统主要应用于不停车高速公路等收费系统以及人员定位等场合。

2. 按照供电方式分类

电子标签按供电方式可分为无源电子标签（被动式）、半有源电子标签（半被动式）和有源电子标签（主动式）3种，对应的RFID系统称为无源供电系统、半有源供电系统和有源供电系统，这3种系统的特点如表2-1所示。

表 2-1　不同供电方式对应的 RFID 系统特点

类　　别	优　　点	缺　　点	注　　释
无源供电系统	寿命长，价格低，适用频率广，样式多	读取距离受限，存储容量通常小于 128 B	应用最广泛，有 LF、HF、UHF、MF 等
半有源供电系统	较长距离读取，可搭配其他传感器（如温度传感器、压力传感器等）使用，存储容量可达 16 KB	价格较高，体积较大，寿命较短	应用于高价材料或贵重物品即时监控，有 UHF、MF 等
有源供电系统			应用于货柜、卡车等物流监控，有 UHF、MF 等

（1）无源供电系统

电子标签内没有电池，电子标签工作所需的能量全部从阅读器发出的射频信号中获取。

（2）半有源供电系统

半有源电子标签内有电池，但电池仅对维持数据的电路及维持芯片工作电压的电路提供支持。电子标签未进入工作状态前一直处于休眠状态，进入阅读器的工作区域后，受到阅读器发出的射频信号的激励，电子标签会进入工作状态。电子标签的能量主要来源于阅读器的射频信号，而电子标签电池主要用于弥补射频场强的不足。

（3）有源供电系统

电子标签内有电池，电池可以为电子标签提供全部能量。有源电子标签电能充足、工作可靠性高、信号传送的距离较远。

3. 按照作用距离分类

根据 RFID 系统作用距离的远近，电子标签天线与阅读器天线之间的耦合可以分为密耦合、遥耦合和远距离 3 类。

（1）密耦合系统

密耦合系统，又称紧密耦合系统，是具有很小作用距离的 RFID 系统，其典型作用距离范围为 0～1 cm。密耦合系统的工作频率一般为 30 MHz 以下的频率。在实际应用中，通常需要将电子标签插入阅读器中，或将其放到阅读器天线的表面。由于密耦合方式工作距离近，电磁泄漏很小，耦合获得的能量较大，因而适用于对安全性要求较高、作用距离无要求的应用系统，如电子门锁系统或带有计数功能的非接触 IC 卡系统。

（2）遥耦合系统

遥耦合系统的典型作用距离可达 1 m，发送频率通常使用 135 kHz 以下的频率，或使用 6.75 MHz、13.56 MHz 以及 27.125 MHz 频率。根据电子标签和阅读器的估算距离可知，电感耦合可传输的能量很小，以致通常仅可使用耗电很少的只读数据载体。使用微处理器的高档标签也属于电感耦合系统。

遥耦合系统又可细分为近耦合系统（典型的作用距离为 15 cm）与疏耦合系统（典型的作用距离为 1 m）两类。目前，遥耦合系统是低成本 RFID 系统的主流。

（3）远距离系统

远距离系统的典型作用距离为 1～10 m，个别系统具有更远的作用距离。远距离系统的典型工作频率为微波频段。

4. 按照技术方式分类

按照阅读器读取电子标签数据的技术实现方式，RFID 系统可以分为主动广播式、被动倍频式和被动反射调制式 3 种方式。

（1）主动广播式

主动广播式电子标签必须采用有源方式工作，并实时将其存储的标识信息向外广播，阅读器相当于只收不发的接收机。这种方式的优点是电能充足、可靠性高、信号传送距离远；缺点是电子标签必须不停地向外发射信息，易造成能量浪费和电磁污染。电子标签的使用寿命受到限制，保密性差。

（2）被动倍频式

被动倍频式是指阅读器发射查询信号后，电子标签才接收信号并做相应处理。电子标签返回的信号频率为阅读器发出的频率的倍频。对于无源电子标签，其将接收的射频能量转换为倍频回波载频时，能量转换效率较低。而提高转换效率需要较高的微波技术，这导致电子标签成本更高。另外，该系统工作须占用两个工作频点。

（3）被动反射调制式

被动反射调制式仍然是阅读器先发射查询信号，电子标签被动接收信号，且电子标签返回阅读器的频率与阅读器的发射频率相同。但要实现被动反射调制式 RFID 系统，首先要解决同频收发问题。

电子标签（无源）将接收到的一部分射频能量信号整流为直流电，以供电子标签内的电路工作，另一部分射频能量信号将电子标签内保存的数据信息进行调制后发射回阅读器。阅读器接收到发射回的调制信号后，从中提取有效数据信息。在工作过程中，阅读器发出射频信号与接收电子标签反射回的调制信号是同时进行的，且反射回的信号强度较发射出的信号要弱得多，因此技术实现上的难点在于同频收发。

5. 按照保存信息方式分类

按电子标签保存信息方式的不同，可以将 RFID 系统的电子标签分为"只读"和"读写"两种，具体介绍如下。

（1）只读电子标签

只读电子标签是一种最简单的电子标签，内部只有只读存储器（Read Only Memory，ROM）。电子标签内的信息在集成电路生产时，以只读内存工艺模式注入，此后信息不能更改，只能读。

（2）读写电子标签

读写电子标签的存储器信息访问比较灵活，内部一般有随机存储器（Random Access Memory，RAM）、EPPROM 存储器等。用户可以对电子标签的存储器进行读写操作。另外，可采用编程器或写入器（或通过阅读器特定的改写指令）改写电子标签存储器信息。

6. 按照系统档次分类

按照存储能力、读写功能以及密码功能等的不同，RFID 系统可分为低档系统、中档系统和高档系统。

（1）低档系统

"只读电子标签"和"1 位系统"属于低档系统。"只读电子标签"内的数据通常只由电子标签的 ID 号数据组成，只要将只读电子标签放入阅读器的工作范围内，电子标签就开始发送自身 ID 号，并且一般只进行电子标签到阅读器的单方向数据传输。"1 位系统"的数据量为 1 bit，该系统阅读器只能发出两种状态："在阅读器工作区有电子标签"和"在阅读器工作区没有电子标签"，1 位系统主要应用在商店的防盗系统中。

（2）中档系统

中档系统的电子标签数据存储容量较大，一般带有可写数据存储器，数据可以被读取，也可以被写入。

（3）高档系统

高档系统一般具有密码加密/解密功能，电子标签通常带有微处理器，微处理器可以实现密码的复杂验证，而且密码验证可以在合理的时间内完成。

7．按照工作方式分类

RFID 系统的基本工作方式有 3 种，分别为全双工工作方式、半双工工作方式和时序工作方式，对应的 RFID 系统为全双工系统、半双工系统和时序系统。

（1）全双工系统

在全双工系统中，数据在阅读器和电子标签之间的双向传输是同时进行的，并且从阅读器到电子标签的能量传输是连续的，与传输的方向无关。电子标签发送数据的频率是阅读器频率的几分之一，有谐波或完全独立的非谐波频率之分。

（2）半双工系统

从阅读器到电子标签的数据传输和从电子标签到阅读器的数据传输是交替进行的，并且从阅读器到电子标签的能量传输是连续的，与数据传输的方向无关。

（3）时序系统

在时序工作方式中，阅读器辐射的电磁场会短时间周期性地断开，这些间隔可被电子标签识别出来，用于从电子标签到阅读器的数据传输。时序系统的缺点是在阅读器发送间歇，电子标签的能量供应会中断，这就必须通过装入足够大的辅助电容器或辅助电池进行能量补偿。

2.2 RFID 系统部件

2.2.1 电子标签

电子标签又被称为应答器或射频卡。电子标签附着在待识别的物品上，每个电子标签具有唯一的电子编码，是 RFID 系统的数据载体。从技术角度来说，RFID 系统的核心是电子标签，阅读器则是根据电子标签的性能而设计的。电子标签与阅读器通过射频信号进行通信，电子标签可以被看作一个特殊的收发信机。在 RFID 系统中，电子标签的价格远比阅读器低，但电子标签的数量很大，应用场合多样，组成、外形及特点各不相同。

1．电子标签的基本组成

一般情况下，电子标签由芯片和天线组成。电子标签的芯片很小，厚度一般不超过 0.35 mm。天线的尺寸一般要比芯片大许多，具体形状与工作频率等有关。封装后的电子标签的尺寸可以小到 2 mm，也可以跟居民身份证一样大（或更大）。

（1）电子标签芯片

电子标签芯片对接收的信号进行解调、解码等各种处理，对需要返回的信号进行编码、调制等各种处理。不同频段的电子标签芯片的结构基本类似，一般包含射频前端/模拟前端、数字电路等模块，如图 2-5 所示。

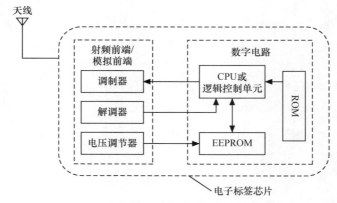

图 2-5　电子标签芯片结构

射频前端连接电子标签天线与芯片数字电路部分主要用于对射频信号进行整流和调制解调；逻辑控制单元传出的数据只有经过射频前端的调制后，才能加载到天线上，成为天线传送的射频信号；解调器负责将经过调制的信号加以解调，获得最初的信号；电压调节器主要用于将从阅读器接收到的射频信号转换为电源，通过稳压电路来确保稳定的电压供应。

CPU 或逻辑控制单元主要用于对数字信号进行编码/解码以及防碰撞协议的处理，另外还对存储器进行读写操作；存储器用于存储被识别物体的相关信息，常用的存储器有 ROM 和 EEPROM 等。

（2）电子标签天线

电子标签天线用于收集阅读器发射到空间的电磁信号，并把电子标签本身的数据信号以电磁信号的形式发射出去。常见的电子标签天线主要有线圈型、微带贴片型、偶极子型等几种基本形式。

2. 电子标签的结构形式

为了满足不同的应用需求，电子标签的结构形式多种多样，有卡片形、条形、盘形、钥匙扣形、手表形和玻璃形等，如图 2-6 所示。电子标签可能是独立的标签形式，也可能是如汽车点火钥匙那样集成在一起的形式。电子标签的外形会受天线形式的影响，是否需要电池也会影响到电子标签的外形设计。下面介绍几种常见的 RFID 电子标签。

（1）卡片形电子标签

卡片形电子标签被封装成卡片的形状，通常称为射频卡。第二代身份证、城市一卡通和门禁卡等都属于这种形式的电子标签。我国第二代身份证内含有 RFID 芯片，其工作频率是 13.56 MHz，可以通过身份证读卡器验证身份证的真伪，如图 2-7 所示，身份证芯片内所存储的姓名、地址和照片等信息可被一一显示。"城市一卡通"覆盖一个城市的公共汽车、地铁、路桥收费和生活缴费等公共消费领域，可利用射频技术和计算机网络实现消费领域的电子化收费。目前，我国正在推进银行卡的升级换代，采用 RFID 卡替代传统磁卡，且可以与城市一卡通进行集成。

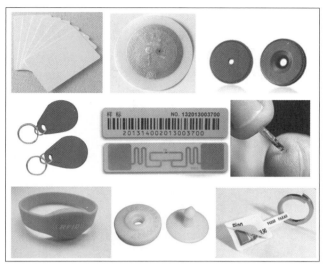

图 2-6　不同形式的电子标签

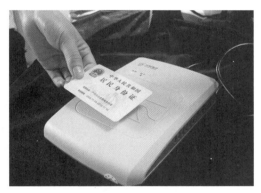

图 2-7　身份证读卡器在读取个人信息

（2）标签类电子标签

标签类电子标签形状多样，有条形、盘形、钥匙扣形和手表形等，可以用于物品识别和电子计费等，如航空行李用标签、托盘用标签等，其特点是携带方便。有些标签类电子标签还具有粘贴功能，可以在生产线上由贴标机粘贴在箱、瓶等物品上，也可以手工粘贴在物品上。这种电子标签的芯片安放在一张纸模或薄塑料模内，和一层纸胶合在一起。其背面涂有粘胶剂，很容易粘贴到物体上，如图 2-8 所示。

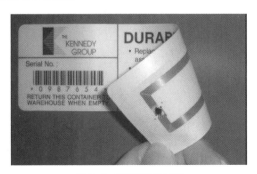

图 2-8　粘贴式电子标签

（3）植入式电子标签

植入式电子标签一般很小。例如，将电子标签做成动物跟踪电子标签，可以将其嵌入到动物的皮肤下，这称为"芯片植入"。这种电子标签采用注射的方式植入到动物两肩之间的皮肤下，用于替代传统的动物牌进行信息管理。植入式电子标签如图 2-9 所示。

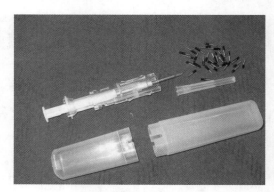

图 2-9　植入式电子标签

3. 电子标签的工作特点

工作在不同频段的电子标签具有不同的特点，下面将分别分析工作在低频、高频和微波频段上的电子标签的工作特点。

（1）低频电子标签的工作特点

低频电子标签一般为无源电子标签，与阅读器通信时，电子标签一般位于阅读器天线的近场区，电子标签的工作能量通过电感耦合方式从阅读器中获得。低频电子标签主要应用在动物追踪与识别、门禁管理、汽车流通管理、定位系统和其他封闭式追踪系统中。

① 低频电子标签的优点

低频工作频率使用自由，不受无线电管理委员会的约束；低频电波穿透力强，可以穿透弱导电性物质，抗金属和液体干扰能力强，能在水、木材和有机物质等环境中应用。低频电子标签有不同的封装形式，好的封装形式可以提供 10 年以上的使用寿命。

② 低频电子标签的缺点

低频电子标签存储数据量小，识别距离近，数据传输速率比较慢，只适合近距离、低速度的应用场合，低频电子标签与阅读器的距离一般小于 1 m，其天线一般用线圈绕制而成，线圈的圈数越多，价格越贵。

（2）高频电子标签的工作特点

高频电子标签的工作原理与低频电子标签基本相同，工作能量也是采用电感耦合方式从阅读器中获得。高频电子标签典型的应用有身份证、电子车票、电子门票和物流管理等。

① 高频电子标签的优点

与低频电子标签相比，高频电子标签存储的数据量更大；随着频率的提高，高频电子标签能以更高的传输速率传送信息；高频电子标签的天线不需要线圈绕制，可以通过腐蚀印刷的方式使电子标签天线的制作变得简单。

② 高频电子标签的缺点

除了金属材料外，高频电波可以穿过大多数材料，但是会缩短识别距离，电子标签与阅读器的距离一般小于 1.5 m；高频频段除特殊频点外，受无线电管理委员会的约束，在全球有许可限制。

（3）微波电子标签的工作特点

微波电子标签与阅读器之间采用电磁反向散射的工作方式，电子标签可以是有源或无源电子标签。电子标签与阅读器之间传输数据时，电子标签位于阅读器天线的远场区，通过阅读器天线的辐射场获取射频能量。

① 微波电子标签的优点

微波电子标签与阅读器的距离较远，一般大于 1 m，典型情况为 4～10 m，最大可达 10 m以上；有很高的数据传输速率，可以在很短的时间内读取大量的数据，在读取高速运动物体的数据的同时，还能读取多个电子标签的信息。

② 微波电子标签的缺点

微波穿透力弱，水、木材和有机物均对微波传播有影响，微波穿过这些物质会缩短读取距离；但微波不能穿透金属，电子标签需要与金属分开；灰尘、雾等对微波传播也有影响。

4．电子标签的技术参数

（1）电子标签的激活能量

电子标签的激活能量是指激活电子标签芯片电路所需的能量，这要求电子标签与阅读器在一定的范围内，阅读器才能够提供电子标签所需的射频场强。当电子标签进入阅读器的工作区域后，受到阅读器发出的射频信号的激励，电子标签会进入工作状态。

（2）电子标签信息的读写速度

电子标签信息的读写速度包括读出速度和写入速度。读出速度是指电子标签被阅读器识读的速度，写入速度是指电子标签信息写入的速度。一般要求电子标签信息的读写速度为毫秒级。

（3）电子标签信息的传输速率

电子标签信息的传输速率包括两方面：一方面是电子标签向阅读器反馈数据的传输速率，另一方面是阅读器在电子标签中写入数据的速率。

（4）电子标签信息的容量

电子标签信息的容量是指电子标签可供写入数据的内存量。电子标签信息容量的大小与电子标签是"前台"式还是"后台"式有关。

① "后台"式电子标签

一般来说，"后台"式电子标签的内存只须容纳物品的编码号，详细的信息存储在后台数据库中。电子标签通过阅读器采集到编码号后，便可借助网络与后台数据库对应的信息相连。

② "前台"式电子标签

在实际应用中，现场有时不易与后台数据库相连，这时就必须加大电子标签的内存量，以将更多的信息存储在电子标签内，而不必再查询数据库信息，这种电子标签称为"前台"式电子标签。

（5）电子标签的封装尺寸

电子标签的封装尺寸通常取决于天线的尺寸和供电电源的情况，不同场合对封装尺寸有不同要求，封装尺寸大的为分米级，小的为毫米级。通常，电子标签的尺寸越小，其适用范围越宽，不管大物品或是小物品都能安装。但有的时候，并不是尺寸越小越好。如果电子标签设计得比较大，就可以加大天线的尺寸，有效提高电子标签的识读率。

（6）电子标签的读写距离

电子标签的读写距离是指电子标签与阅读器间的工作距离。电子标签的读写距离，近的为毫米级，远的可达 10 m 以上。大多数系统的读取距离和写入距离不同，写入距离是读取距离的 40%～80%。

（7）电子标签的可靠性

电子标签的可靠性与电子标签的工作环境、质量、大小、材料以及与阅读器的距离等相关。例如，当电子标签在阅读器工作区域内并且是单个读取时，读取的准确度可接近 100%。但是，许多因素都会影响电子标签读写的可靠性，如一次性有多个电子标签需要读取、电子标签的移动速度又快，此时出现误读或漏读的概率就高。另外，据某项应用调查显示，使用 10000 个电子标签时，约有 60 个电子标签受到损坏，为了防止电子标签损坏而造成不便，增加了条码识别内容。条码与电子标签共同使用是一种有效的补救办法，可以根据条码记载的信息得出电子标签的相关信息。

（8）电子标签的工作频率

电子标签的工作频率是指电子标签工作时采用的频率，可以为低频、高频或微波频率。工作频率是电子标签非常重要的参数指标，它可直接或间接地影响其他性能指标。

（9）电子标签的价格

电子标签的价格通常和它所拥有的功能强弱以及使用量有关，功能越强，价格越高；使用量越多，单个成本越低。

5. 电子标签的发展趋势

为适应不同的应用需求，电子标签有多种发展趋势。以物联网应用为例，物联网希望电子标签不仅具有识别功能，而且具有感知功能。以电子标签在商业上的应用为例，有些商品的价格较低，为使电子标签不过多地增加商品的成本，要求电子标签的价格尽可能低。总体来说，电子标签具有以下发展趋势。

（1）体积更小

由于实际应用的限制，一般要求电子标签的体积比标识物品小，这就对电子标签提出了更小、更易于使用的要求。现在带有内置天线的最小 RFID 芯片，其厚度仅为 0.1 mm 左右，可以嵌入纸币。

（2）成本更低

在商业中应用电子标签且使用数量达到 10 亿个时，每个电子标签的价格将有望低于 5 美分。

（3）作用距离更远

无源 RFID 系统的工作距离主要受限于电子标签的能量供给，随着低功耗设计技术的发展，电子标签所需的功耗可以降低到 5 μW，甚至更低，这就使无源 RFID 系统的作用距离进一步加大，可以达到几十米甚至更长。

（4）无源可读写性能更加完善

为了适应多次改写电子标签数据的场合，需要让电子标签的读写性能更加完善，以使其误码率和抗干扰性能达到用户可以接受的程度。

（5）适合高速移动物体的识别

针对高速移动的物体，如火车和高速公路上行驶的汽车等，电子标签与阅读器之间的通信速率须提高，以使高速移动物体可以被准确快速地识别。

（6）多电子标签的读/写功能

在物流领域中，存在大量物品需要被同时识别的情况，因此必须采用适合这种应用的通信协议，以实现多电子标签的读/写功能。

（7）电磁场下自我保护功能更完善

电子标签处于阅读器发射的电磁辐射中，如果电子标签接收的电磁能量很强，则会产生很高的电压。为保护电子标签芯片不受损害，必须加强电子标签在强磁场下的自我保护功能。

（8）智能性更强、加密特性更完善

在某些安全性要求较高的领域，需要智能性更强、加密特性更完善的电子标签，以使其在"敌人"出现的时候能够更好地隐藏自己，保证数据不会未经授权而被获取。

（9）带有其他附属功能

在某些应用领域中需要准确寻找某一个电子标签，此时，电子标签就需要具有某些附属功能，如蜂鸣器或指示灯等，以使其能够在大量目标中被快速地寻找到。

（10）具有杀死功能

为了保护隐私，在电子标签的设计寿命到期或者需要终止电子标签的使用时，需要阅读器发出杀死命令或者电子标签自行销毁。

（11）新的生产工艺

为了降低电子标签天线的生产成本，人们开始研究新的天线印制技术，如将 RFID 天线以接近于零的成本印制到产品包装上，这比传统的金属天线成本更低、印制速度更快。

（12）带有感知功能

将电子标签与传感器相连，将极大程度地扩展电子标签的功能和应用领域。物联网的基本特征之一是全面感知，全面感知不仅要求标识物体，而且要求感知物体。

2.2.2 阅读器

阅读器又被称为读写器或询问器，是读取和写入电子标签数据的设备，它可以是单独的个体，也可以被嵌入到其他系统中。阅读器也是构成 RFID 系统的重要部件之一，它能够读取电子标签中的数据，也能够将数据写入到电子标签中。另外，阅读器可以与系统高层进行连接，以通过系统高层完成数据信息的存储、管理与控制。

1. 阅读器的基本组成

阅读器由射频模块、控制处理模块和天线组成，如图 2-10 所示。阅读器可以被看作是一个特殊的收发信机，通过天线与电子标签进行无线通信；同时，阅读器也是电子标签与系统高层的连接通道。

（1）射频模块

射频模块用于将射频信号转换为基带信号，对天线接收的信号进行解调，对控制处理模块需要发送的数据进行调制。

（2）控制处理模块

控制处理模块是阅读器的核心，是阅读器芯片有序工作的指挥中心。其主要功能是：与系统高层中的应用系统软件进行通信；执行从应用系统软件发来的动作指令；控制与电子标签的通信过程；对基带信号进行编码与解码；执行防碰撞算法；对阅读器和电子标签之间传送的数据进行加密和解密；进行阅读器与电子标签之间的身份认证；对键盘、显示设备等其他外部设备进行控制。控制处理模块最重要的功能是对阅读器进行控制操作。

（3）天线

天线是一种以电磁波形式把前端射频信号功率接收或发射出去的设备，是电路与空间的界面器件，用于实现导行波与自由空间波能量的转换，承担接收能量和发射能量的工作。天线可以是一个独立的部分，也可以被内置到阅读器中。

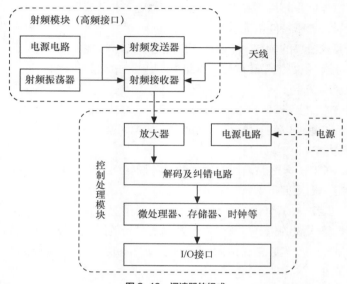

图 2-10 阅读器的组成

2. 阅读器的结构形式

阅读器没有固定的模式，根据数据管理系统的功能和设备制造商的生产习惯，阅读器具有各种各样的结构和外观形式。根据天线与阅读器模块是否分离，阅读器可分为集成式阅读器和分离式阅读器；根据阅读器外形和应用场合，阅读器又可分为固定式阅读器、原始设备制造商（Original Equipment Manufacturer，OEM）模块式阅读器、手持便携式阅读器、工业阅读器和读卡器等。

（1）固定式阅读器

固定式阅读器一般将天线与阅读器的主控机部分分离，主控机部分和天线可以分别安装在不同位置，可以有多个天线接口和多种 I/O 接口。固定式阅读器将射频模块与控制模块封装在一个固定的外壳里，其可以采用图 2-11 所示的形式。

图 2-11 具有不同外壳形式的固定式阅读器

（2）OEM 模块式阅读器

在很多应用中，阅读器并不需要封装外壳，只需要将其组装成产品即可，这就构成了 OEM 模块式阅读器。经过简化的 OEM 模块式阅读器模块可以作为应用系统设备中的一个嵌入式单元。

（3）手持便携式阅读器

手持便携式阅读器是将天线、射频模块和控制处理模块封装在一个外壳中，适合用户手持使用的电子标签读写设备。手持便携式阅读器一般带有液晶显示屏，配有输入数据的键盘，常用在巡查、识别和测试等场合。手持便携式阅读器一般采用充电电池供电，可以通过通信接口与服务器通信，可以工作在不同操作系统的环境中，如 Windows CE 或其他操作系统。与固定式阅读器不同的是，手持便携式阅读器可能会对系统本身的数据存储量有要求，并要求能够防水和防尘等。手持便携式阅读器可以采用图 2-12 所示的形式。

图 2-12　手持便携式阅读器

（4）工业阅读器

工业阅读器是指应用于矿井、自动化生产或畜牧等领域的阅读器，一般有现场总线接口，很容易集成到现有设备中。工业阅读器通常与传感设备组合在一起。

（5）读卡器

读卡器也称为发卡器，主要用于电子标签对具体内容的操作中，如建立档案、消费纠错、挂失、补卡和信息修正等。读卡器可以与计算机上的读卡管理软件结合使用。读卡器实际上是一个小型电子标签读写装置，具有发射功率小、读写距离近等特点。

3. 阅读器的工作特点

阅读器的基本功能是触发作为数据载体的电子标签，并与其建立通信联系。电子标签与阅读器之间非接触通信的一系列任务，均由阅读器来完成。同时，阅读器在应用软件的控制下可实现在系统网络中运行。阅读器的工作特点如下。

（1）电子标签与阅读器之间的通信

阅读器以射频方式向电子标签传输能量，对电子标签完成基本操作，主要包括对电子标签初始化、读取或写入电子标签内存的信息、使电子标签功能失效等。

（2）阅读器与系统高层之间的通信

阅读器将读取到的电子标签信息传递给系统高层，系统高层对阅读器进行控制和信息交换，完成特定的应用任务。

（3）防碰撞识别能力

阅读器不仅能识别静止的单个电子标签，还能同时识别移动的多个电子标签。在识别范围内，阅读器可以完成多个电子标签信息的同时存取，并具备同时读取多个电子标签信息的防碰撞能力。

（4）对电子标签能量的管理

针对无源电子标签，阅读器可通过无线射频信号向电子标签提供能量；针对有源电子标签，阅读器能够标识电子标签电池的相关信息，如电量等。

（5）阅读器的适应性

阅读器兼容最通用的通信协议，能够与多种电子标签进行通信，并且在现有的网络结构中非常容易安装，并可实现远程维护。

（6）应用软件的控制作用

一般情况下，阅读器的行为均由应用软件来控制，应用软件作为主动方对阅读器发出读写指令，阅读器作为从动方对读写指令进行响应。

4. 阅读器的技术参数

（1）工作频率

RFID 的工作频率是由阅读器的工作频率决定的，阅读器的工作频率一般与电子标签的工作频率保持一致。

（2）输出功率

阅读器的输出功率不仅要满足应用的需要，还要满足国家和地区对无线发射功率的要求，以符合人类健康为准则。

（3）输出接口

阅读器支持 RS-232、RS-485、USB、Wi-Fi、4G、5G 等多种接口，可以根据需要进行选择。

（4）阅读器形式

阅读器有多种形式，包括固定式阅读器、手持便携式阅读器、工业阅读器和 OEM 模块式阅读器等，选择时需要考虑天线与阅读器模块分离与否。

（5）工作方式

阅读器的工作方式包括全双工、半双工和时序 3 种。

（6）阅读器优先与电子标签优先

阅读器优先是指阅读器首先向电子标签发射射频能量和命令，电子标签只有在被激活且接收到阅读器的命令后，才能对阅读器的命令做出响应。

电子标签优先是指对于无源电子标签，阅读器只发送等幅度、不带信息的射频能量，电子标签被激活后，才会发射电子标签数据信息。

5. 阅读器的发展趋势

随着 RFID 应用的逐步普及，阅读器的结构和性能在不断更新，价格也在不断降低。从技术角度来说，阅读器的发展趋势体现在以下几个方面。

（1）兼容性

现在 RFID 的应用频段较多，采用的技术标准也不一致，因此，希望阅读器可以多频段兼容、多制式兼容，以实现阅读器对不同频段、不同标准的电子标签兼容读写。

（2）接口多样化

阅读器要与系统高层连接，因此，希望阅读器的接口能够实现多样化。

（3）采用新技术

① 智能天线。采用由多个天线构成的阵列天线、形成相位控制的智能天线等，实现多输入多输出（Multiple-Input Multiple-Output，MIMO）。

② 防碰撞技术。采用新的防碰撞算法，使防碰撞的能力更强，多个电子标签读写更有效、更快捷。

③ 阅读器管理技术。随着 RFID 技术的广泛使用，阅读器从传统的单一阅读器模式发展为多阅读器模式。由多个阅读器组成的阅读器网络越来越多，这些阅读器的处理能力、通信协议、网络接口及数据接口均可能不同。阅读器管理技术就是指对阅读器进行配置、控制、认证和协调的技术。

（4）模块化和标准化

随着阅读器射频模块和控制处理模块的标准化和模块化的日益完善，阅读器的品种将更丰富、设计将更简单、功能将更完善。

2.2.3 系统高层

对于某些简单的应用，一个阅读器就可以独立满足应用的需要。但对于大多数应用来说，RFID 系统是由许多阅读器构成的综合信息系统，每个阅读器要同时对多个电子标签进行操作，并须实时处理数据信息，因此，系统高层是必不可少的。阅读器可通过标准接口与系统高层连接，系统高层可将许多阅读器获取的数据有效地整合起来，实现查询、管理与传输数据等功能。系统高层一般由中间件和应用软件构成。

1. 中间件

中间件是介于 RFID 阅读器与后端应用程序之间的独立软件，可以与多个阅读器和多个后端应用程序相连。应用程序通过中间件连接到阅读器，读取电子标签中的数据。图 2-13 显示了 RFID 中间件的结构。中间件一般由阅读器接口、程序模块集成器、应用程序接口和网络访问接口构成。

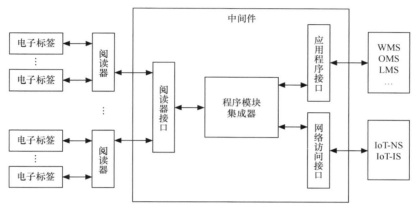

图 2-13　RFID 中间件的结构

阅读器接口采用相应的通信协议，提供与阅读器连接的方法。程序模块集成器具有数据的搜集、过滤、整合与传递等功能。程序模块集成器由标准化组织定义的标准程序模块和用户自行定义的程序模块两部分构成。应用程序接口（Application Program Interface，API）提供程序模块集成器与应用程序之间的接口。应用程序包括订单管理系统（Order Management System，OMS）、学习管理系统（Learning Management System，LMS）以及 WMS 等，这些系统实时收集和反馈中间件传输的数据，为决策层提供及时准确的相关信息。有了应用程序接口，即使存储电子标签信息的数据库软件或后端应用程序增加或改由其他软件取代，或者 RFID 阅读器种类增加等情况发生时，应用端也无须修改即可处理上述情况，减轻了应用设计与维护的复杂性。网络访问接口提供与互联网的连接，用来构建物联网名称解析服务（Internet of Things Name Service，IoT-NS）和物联网信息发布服务（Internet of Things Information Service，IoT-IS）间的通道。

RFID 中间件主要具有以下 4 个功能。

（1）阅读器协调控制

终端用户可以通过 RFID 中间件接口直接配置、监控以及发送指令给阅读器。例如，终端用户可以配置阅读器：当频率碰撞发生时，阅读器自动关闭。

（2）数据过滤与处理

当电子标签信息传输发生错误时，RFID 中间件可以通过一定的算法纠正错误。不同的阅读器读取同一电子标签信息时，会有冗余数据产生，RFID 中间件可以过滤掉冗余数据，确保高于阅读器水平的数据准确性。

（3）数据路由与集成

RFID 中间件可以提供数据的路由与集成，能够决定采集到的数据传递给哪一个应用。同时，中间件还可以保存数据，分批给各个应用提交数据。

（4）进程管理

RFID 中间件可以根据用户定制的任务，负责监控数据与触发事件。例如，在药品管理中，设置中间件来监控药品的库存量，当库存量低于设置的标准时，RFID 中间件会触发事件，通知相应的应用软件。

2. 应用软件

RFID 的应用遍及制造、物流、医疗、运输、零售、国防等领域。RFID 应用软件是针对不同行业的特定需求而开发的特定应用软件，它可以集成到现有的电子商务和电子政务平台中，与 ERP、CRM 及 WMS 等系统结合使用。RFID 应用软件可以有效地控制阅读器对电子标签信息进行读写操作，并对收集到的信息进行集中管理，从而提高各行业的生产效率。

随着经济全球化进程的不断推进，加之计算机技术、互联网技术以及无线通信技术的飞速发展，对全球每个物品进行识别、跟踪与管理将成为可能。借助于 RFID 技术，将物品信息传送到计算机网络的信息控制中心，可以构建一个全球统一的物品信息系统，从而实现全球信息资源共享。

2.3 本章小结

RFID 系统一般由电子标签、阅读器和系统高层组成。电子标签是物品信息的载体，阅读器是电子标签和系统高层应用进行通信的桥梁。阅读器和电子标签的耦合方式分为电感耦合和电磁反向散射耦合两种。电感耦合方式基于交变磁场，是近距离 RFID 系统采用的方式；电磁反向散射耦合方式基于电磁波的散射特性，是远距离 RFID 系统采用的方式。

电子标签一般由天线和芯片组成。芯片的功能是对电子标签接收的信号进行解码等处理，并把电子标签需要返回的信号进行编码、调制等处理。电子标签天线的主要功能是接收阅读器传输过来的电磁信号或者将阅读器所需要的数据传回给阅读器，也就是负责发射和接收电磁波，它是实现电子标签与阅读器通信的重要一环。

阅读器是用于读写电子标签信息的设备，配有天线。作为 RFID 系统的一个重要组成部分，阅读器起到了连接电子标签与系统高层的基础性作用。系统高层在与阅读器进行交互的同时，可管理 RFID 系统中的数据，并根据应用需求实现不同的功能或提供相应的接口。

2.4 思考与练习

1. RFID 系统的基本组成是什么？简述 RFID 系统的分类方法。

2. 电子标签的基本组成是什么？电子标签有哪些常用的结构形式？电子标签的发展趋势是什么？简述电子标签的工作特点、技术参数和封装方法。

3. 阅读器的基本组成是什么？阅读器有哪些常用的结构形式？阅读器的发展趋势是什么么？简述阅读器的工作特点与技术参数。

4. RFID 系统为什么需要系统高层？在物联网中，RFID 系统的系统高层是什么？

03 chapter

RFID 使用频率和电磁波的工作特性

本章导读

在电子通信领域，信号采用的传输方式和信号的传输特性主要是由工作频率决定的。电磁频谱按照频率从低到高（波长从长到短）的次序可以划分为不同的频段。不同频段电磁波的传播方式和传播特点各不相同，它们的用途也不相同。RFID 采用了不同的工作频率以满足多种应用的需要。RFID 的工作频率有低频、高频和微波频段。低频和高频的工作波长较长，低频和高频的电子标签与阅读器之间通过电磁感应获得信号和能量；RFID 的微波频段工作波长较短，电子标签与阅读器之间通过电磁波辐射获得信号和能量；微波 RFID 是视距传播，电波有直射、反射、绕射和散射等多种传播方式。电波传播过程中可能会产生自由空间传输损耗、非涅耳区、多径传输和衰落等多种现象（并有可能产生集肤效应），这些现象均会影响电子标签与阅读器的工作状况。

本章首先介绍频谱的划分、频谱的分配、无线电业务的种类和 RFID 使用的频段，其次介绍 RFID 电波传播的电参数，然后介绍低频和高频 RFID 电磁场的特性，最后介绍微波 RFID 电磁波的特性。

教学目标

- 了解无线电信号特性。
- 了解 RFID 使用的频率。
- 掌握不同频段 RFID 系统的工作原理及工作特性。

3.1.1 无线电信号的特性

在高频电路中，要处理的无线电信号主要有 3 种：基带（消息）信号、高频载波信号和已调信号。所谓基带信号，是没有进行调制之前的原始信号，也被称为被调制信号。

1. 时间特性

（1）信号的描述：无线电信号可以表示为电压或电流的时间函数，通常用时域波形或数学表达式来描述。

（2）时间特性的概念：无线电信号的时间特性就是信号随时间变化快慢的特性。信号的时间特性要求传输该信号的电路的时间特性（如时间常数）与之相适应。

2. 频谱特性

对于较复杂的信号（如话音信号、图像信号等），用频谱分析法表示较为方便。

信号的频谱特性就是信号中各频率成分的特性。对于周期性信号而言，其可以表示为许多离散的频率分量（各分量间成谐频关系），例如，图 3-2 即为图 3-1 所示信号的频谱图；对于非周期性信号而言，其可以用傅里叶变换的方法分解为连续谱，信号则为连续谱的积分。

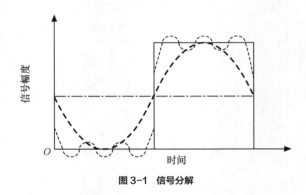

图 3-1 信号分解

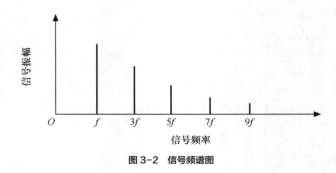

图 3-2 信号频谱图

频谱特性包含幅频特性和相频特性两部分,它们分别反映信号中各个频率分量的振幅和相位的分布情况。

任何信号都会占据一定的带宽。从频谱特性来看,带宽就是信号能量的主要部分(一般为90%以上)所占据的频率范围或频带宽度。

3. 传播特性

传播特性是指无线电信号的传播方式、传播距离、传播特点等。无线电信号的传播特性主要根据其所处的频段或波段来区分。

电磁波从发射天线辐射出去后,不仅电波的能量会扩散,接收机只能收到其中极小的一部分;而且在传播过程中,电波的能量会被地面、建筑物或高空的电离层吸收或反射,或者在大气层中产生折射或散射等现象,从而造成到达接收机时的强度大大衰减。根据无线电波在传播过程中所发生的现象,电波的传播方式可分为:直射(视距)传播、绕射(地波)传播、折射和反射(天波)传播及散射传播等,如图 3-3 所示。决定传播方式和传播特点的关键因素是无线电信号的频率。

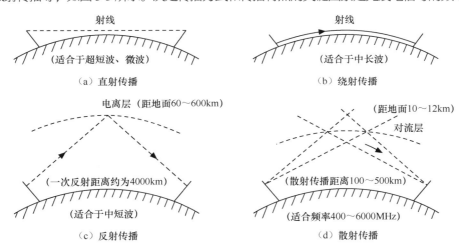

图 3-3　无线电波的主要传播方式

4. 调制特性

无线电传播一般都要采用高频(射频)的另一个原因是高频适用于天线辐射和无线传播。只有当天线的尺寸达到可以与信号波长相比拟时,天线的辐射效率才会较高,从而才能以较小的信号功率传播较远的距离,接收天线也才能有效地接收信号。

所谓调制,就是用调制信号去控制高频载波的参数,以使载波信号的某一个或几个参数(如振幅、频率或相位等)按照调制信号的规律变化。

根据载波受调制参数的不同,调制可分为 3 种基本方式:振幅调制(Amplitude Modulation,AM)、频率调制(Frequency Modulation,FM)、相位调制(Phase Modulation,PM),还可以是以上调制方式的组合。

3.1.2　电磁波频谱的划分与分配

在电子通信领域,信号采用的传输方式和信号的传输特性主要是由工作频率决定的。电磁频谱按照工作频率从低到高的次序,可以划分为不同的频段。

在工作频率的分配上,有一点需要特别注意,即干扰问题。无线传输可供使用的工作频率是有限的，频谱被看作是大自然中的一项资源，不能无秩序地随意占用，而需要仔细地计划并加以利用。因为电磁波是在全球存在的，所以需要有国际协议来分配频谱，各国还可以在此基础上根据各自国家的具体情况给予具体的分配。现在，进行频率分配的世界组织有国际电信联盟（International Telecommunication Union，ITU）、国际无线电咨询委员会（International Radio Consultative Committee，CCIR）和国际频率登记局（International Frequency Registration Board，IFRB）等，我国负责频率分配的组织是工业和信息化部无线电管理局。

1. 频谱划分

无线传输工作频率的分配，主要是根据信号的无线传输特性和各种设备通信业务的要求而确定的，同时也要考虑一些其他因素，如历史的发展、国际协定、各国政策、目前使用的状况和干扰的避免等。频谱的分配是指将频率根据不同的业务加以分配，以避免频率使用混乱。随着科学的不断发展，这些频谱的划分也在不断改变。

（1）IEEE 划分的频谱

无线电波是指频率范围在 30Hz～3000GHz 的电磁波。由于应用领域众多，频谱的划分也有多种方式，而今较为通用的频谱分段法是 IEEE 建立的，如表 3-1 所示。

表 3-1　IEEE 划分的频谱

频　　段	频　　率	波　　长
极低频（ELF）	30～300 Hz	1000～10000 km
音频（VF）	300～3000 Hz	100～1000 km
甚低频（VLF）	3～30 kHz	10～100 km
低频（LF）	30～300 kHz	1～10 km
中频（MF）	300～3000 kHz	0.1～1 km
高频（HF）	3～30 MHz	10～100 m
甚高频（VHF）	30～300 MHz	1～10 m
超高频（UHF）	300～3000 MHz	10～100 cm
特高频（SHF）	3～30 GHz	1～10 cm
极高频（EHF）	30～300 GHz	0.1～1 cm
亚毫米波	300～3000 GHz	0.1～1 mm
波段 P	0.23～1 GHz	30～130 cm
波段 L	1～2 GHz	15～30 cm
波段 S	2～4 GHz	7.5～15 cm
波段 C	4～8 GHz	3.75～7.5 cm
波段 X	8～12.5 GHz	2.4～3.75 cm
波段 Ku	12.5～18 GHz	1.67～2.4 cm
波段 K	18～26.5 GHz	1.13～1.67 cm
波段 Ka	26.5～40 GHz	0.75～1.13 cm

（2）微波和射频

微波也是经常使用的波段。微波是指频率从 300 MHz～3000 GHz 的电磁波，对应的波长（1 m～0.1 mm）可分为分米波、厘米波、毫米波和亚毫米波 4 个波段。

目前，针对射频没有定义一个严格的频率范围，广义地说，可以向外辐射电磁信号的频率被称为射频。在 RFID 应用中，工作频率一般选为 kHz 至 GHz 的范围。

从上面的频率划分可以看出，目前射频频率与微波频率之间没有定义出明确的频率分界点，微波的低频段与射频频率相重合。

2. ISM 频段

工业、科学和医用（Industrial Scientific Medical，ISM）频段是主要开放给工业、科学和医用 3 个主要领域使用的频段。ISM 频段属于无许可（Free License）频段，使用者无需许可证，没有所谓使用授权的限制。ISM 频段允许任何人随意地传输数据，但是对所用的功率进行限制，使发射与接收之间只能是很短的距离，这也使不同使用者之间不会相互干扰。

在美国，ISM 频段是由美国联邦通信委员会（Federal Communications Commission，FCC）定义的。其他大多数国家也都已经留出了 ISM 频段，用于非授权用途。目前，许多国家的无线电设备（尤其是家用设备）都使用了 ISM 频段，如车库门控制器、无绳电话、无线鼠标和无线局域网（Wireless Local Area Network，WLAN）等。工作频率的选择要顾及其他无线电服务，不能对其他服务造成干扰和影响，因而 RFID 系统通常只能使用 ISM 频率。下面介绍主要的 ISM 频率和一些常规业务所使用的频率。

（1）频率 6.78 MHz

这个频率的允许波动范围为 6.765～6.795 MHz，属于短波频率。这个频率起初是为短波通信设置的，目前，其允许波动范围在国际上已由国际电信联盟指派被作为 ISM 频段使用。

（2）频率 13.56 MHz

这个频率的允许波动范围为 13.553～13.567 MHz，处于 HF 频段，也是 ISM 频段。该频段目前是使用较多的频段，用于电感耦合系统，我国第二代身份证也使用这个频段。

（3）频率 27.125 MHz

这个频率的允许波动范围为 26.957～27.283 MHz，除了电感耦合系统外，这个频率范围的 ISM 应用还有工业用高频焊接装置、医疗用电热治疗仪等。在安装工业用 27 MHz 的系统时，要特别注意附近可能存在的任何高频焊接装置，因为高频焊接装置会产生很高的场强，这将严重干扰工作在同一频率的系统。另外，在规划医院 27 MHz 的系统时，应特别注意可能存在的电热治疗仪干扰。

（4）频率 40.680 MHz

这个频率的允许波动范围为 40.660～40.700 MHz，处于甚高频（Very High Frequency，VHF）频段的低端，主要应用于遥测和遥控领域。在这个频率范围内，电感耦合的作用距离较小，而 7.5 m 的工作波长也不适合构建较小的和价格便宜的反向散射电子标签，因此，该频段是系统不太适用的频带。

（5）频率 433.920 MHz

这个频率的允许波动范围为 430.050～434.790 MHz，在世界范围内被分配给业余无线电服务使用，目前已经被各种 ISM 应用占用。这个频率范围属于 UHF 频段，可用于反向散射系统，除此之外，还可用于小型电话机、近距离小功率无线对讲机等。由于应用众多，因此 ISM 频段应用的相互干扰比较大。

（6）频率 869.0 MHz

这个频率的允许波动范围为 868～870 MHz，处于 UHF 频段。自 1997 年以来，该频段在欧洲允许短距离设备使用，因而也可以作为 ISM 频段使用。

（7）频率 915.0 MHz

在美国和澳大利亚，频率范围 888～889 MHz 和 902～928 MHz 已可无授权使用，并被反向散射系统使用。这个频率范围在欧洲还没有提供 ISM 应用。

（8）频率 2.45 GHz

这个频率的允许波动范围为 2.400～2.4835 GHz，属于微波波段。该频段在世界范围内被分配给 ISM 使用。这个频率范围适合反向散射系统，WLAN 也采用了该频段。

（9）频率 5.8 GHz

这个频率的允许波动范围为 5.725～5.875 GHz，属于微波波段。在这个频率范围，ISM 的应用是反向散射系统，其也可用于高速公路系统。

（10）频率 24.125 GHz

这个频率的允许波动范围为 24.00～24.25 GHz，属于微波波段。在这个频率范围内，目前尚没有系统工作。

（11）频率 60 GHz

自 2000 年以来，为适应无线电技术的发展和科学、合理地开发并利用频谱资源，欧、美、日、澳、中等众多国家和地区相继在 60 GHz 附近划分出免许可的 ISM 频段。北美和韩国开放了 57～64 GHz 频段，欧洲和日本开放了 59～66 GHz 频段，澳大利亚开放了 59.4～62.9 GHz 频段，我国开放了 59～64 GHz 频段。60 GHz 这一空前的频率范围，几乎等于所有其他免许可无线通信频段的总和。60 GHz 主要用于微功率、短距离、高速率无线通信技术，其将成为室内短距离应用的必然选择。

3.1.3　RFID 的使用频率

RFID 可产生并辐射电磁波，但是 RFID 系统要顾及其他无线电服务，不能对其他无线电服务造成干扰，因此 RFID 系统通常使用 ISM 频段。ISM 频段包含的频率为 6.78 MHz、13.56 MHz、27.125 MHz、40.68 MHz、433.92 MHz、869.0 MHz、915.0 MHz、2.45 GHz、5.8 GHz、24.125 GH 以及 60 GHz 等。RFID 系统经常采用上述某些 ISM 频段，除此之外，RFID 系统也采用 0～135 kHz 之间的频率。

不同频段无线传输的特点不同，因此 RFID 采用了不同的工作频率，以满足多种应用的需要。阅读器和电子标签之间的射频信号的传输主要有 2 种方式：一种是电感耦合方式，另一种是电磁反向散射方式。这 2 种方式采用的频率不同，工作原理也不同。

目前，RFID 可以工作在低频、高频和微波频段上。低频和高频 RFID 的工作波长较长，基本上都采用电感耦合的识别方式，电子标签处于阅读器天线的近区，电子标签与阅读器之间通过电磁感应获得信号与能量；微波波段 RFID 的工作波长较短，采用电磁反向散射方式，电子标签基本都处于阅读器天线的远区，电子标签与阅读器之间通过电磁辐射获得信号与能量。

3.2　RFID 工作波长

不同频率的电磁波所对应的波长不同，其传播方式和工作特点也各不相同。本节将介绍低频、高频和微波时的工作波长。不同应用领域使用的工作频率是管理机构确定的，当工作频率被确定下来后，工作波长取决于电磁波所在区域的媒质。

3.2.1 电磁波的速度

1. 空气中

在真空中，电磁波的速度 v_p 等于光速 c，为

$$v_p = c = \frac{1}{\sqrt{\varepsilon_0 \mu_0}} = 3 \times 10^8 \, \text{m/s} \tag{3-1}$$

其中，介电常数 ε_0 和磁导率 μ_0 分别为

$$\varepsilon_0 = \frac{1}{36\pi \times 10^9} \, \text{F/m} \tag{3-2}$$

$$\mu_0 = 4\pi \times 10^{-7} \, \text{H/m} \tag{3-3}$$

空气可以视为自由空间，这是 RFID 最常见的识别环境。虽然电子标签和阅读器通常处于空气（而非真空）中，但是空气这种媒质的参数可用真空中的介电常数 ε_0 和磁导率 μ_0 来表示。

2. 无损耗介质中

在无损耗介质中，电磁波的速度为

$$v_p = \frac{1}{\sqrt{\varepsilon \mu}} = \frac{1}{\sqrt{\varepsilon_0 \mu_0}} \frac{1}{\sqrt{\varepsilon_r \mu_r}} = \frac{c}{\sqrt{\varepsilon_r \mu_r}} \tag{3-4}$$

其中，ε_r 和 μ_r 分别为相对介电常数和相对磁导率。在这种识别环境中，电子标签或阅读器处于无损耗介质的环境中，例如电子标签处在塑料这种介质环境中。

3. 有损耗介质中

在有损耗介质中，电磁波的速度为

$$v_p = \frac{\omega}{\beta} \tag{3-5}$$

式中，

$$\beta = \omega \sqrt{\frac{\varepsilon \mu}{2} \left(\sqrt{1 + \left(\frac{\sigma}{\omega \varepsilon}\right)^2} + 1 \right)} \tag{3-6}$$

其中，β 为电磁波的相位常数，代表单位距离中相位滞后的程度；ω 为角频率；σ 为介质的电导率，$\sigma \neq 0$ 表示介质有导电性，即介质有损耗。在这种识别环境中，电子标签处于有机组织或含水物质的环境中，例如电子标签处在动物、潮湿木材或水产品环境中。

3.2.2 RFID 工作波长

电磁波的速度还可以表示为

$$v_p = f\lambda \tag{3-7}$$

其中，f 为工作频率，λ 为工作波长。可以看出，工作频率越高，工作波长越短。

最常见的识别环境是空气，这时有如下关系

$$f\lambda = c = 3\times10^8\,\text{m/s} \tag{3-8}$$

根据式（3-8）可以得到空气中不同工作频率对应的工作波长，如表 3-2 所示。

表 3-2　空气中常用的工作波长

频段	工作频率	工作波长
低频	125 kHz	2400 m
高频	6.78 MHz	44 m
高频	13.56 MHz	22 m
高频	27.125 MHz	11 m
微波（超高频）	433.92 MHz	0.69 m
微波（超高频）	869.0 MHz	0.35 m
微波（超高频）	915.0 MHz	0.33 m
微波	2.45 GHz	0.12 m
微波	5.8 GHz	0.05 m

由表 3-2 可知，不同频段的工作波长有很大差异，低频和高频的工作波长较长，微波的工作波长较短。正是工作波长的差异，导致低频和高频频段采用电感耦合的识别方式，微波频段采用电磁反向散射的识别方式。

如果工作环境不是空气，可以先利用式（3-4）或式（3-5）计算电磁波的速度，再利用式（3-7）计算工作波长。

3.3　低频和高频 RFID 电磁场的特性

低频和高频 RFID 系统起步较早，已经有几十年的应用历史了。现在低频和高频 RFID 系统比较成熟，国内技术与国际技术没有太大差别，国内第二代身份证、城市一卡通和门禁卡等都采用了这些频段。低频和高频 RFID 系统是目前应用范围较广的系统。

3.3.1　工作原理

低频和高频 RFID 系统基本上都采用电感耦合识别方式。由于低频和高频的工作波长较长，电子标签都处于阅读器天线的近区，因此其工作能量通过电感耦合方式从阅读器天线的近场中得到。电感耦合方式的电子标签几乎都是无源的，这意味着电子标签工作的全部能量都要从阅读器获得。电子标签与阅读器之间传送数据时，电子标签需要位于阅读器附近，这样电子标签才能获得较大的能量。

在这种方式中，阅读器和电子标签的天线都是线圈，阅读器天线在自身周围产生磁场，当电子标签通过时，电子标签的线圈上会产生感应电压，整流后可为电子标签的芯片供电，以使电子标签开始工作。在电感耦合方式中，阅读器线圈和电子标签线圈的电感耦合如图 3-4 所示。

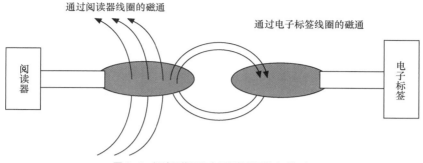

通过阅读器线圈的磁通

通过电子标签线圈的磁通

阅读器

电子标签

图 3-4　阅读器线圈和电子标签线圈的电感耦合

　　电子标签与阅读器的天线可以是圆形线圈或长方形线圈，两个线圈之间的作用可以理解为变压器的耦合，两个线圈之间的耦合功率同工作频率、线圈匝数、线圈面积、线圈间的距离和线圈的相对角度等多种因素有关。

　　计算表明，当与线圈天线的距离增大时，磁场强度的下降起初为 60 dB/10 倍频程；当过渡到距离天线 $\lambda/2\pi$ 之后，磁场强度的下降为 20 dB/10 倍频程。另外，工作频率越低，工作波长越长，如 6.78 MHz、13.56 MHz 和 27.125 MHz 的工作波长分别为 44 m、22 m 和 11 m。可以看出，在阅读器的工作范围内（如 0～10 cm），使用频率较低的工作频率有利于阅读器线圈和电子标签线圈的电感耦合。

3.3.2　常用的系统

　　现在，电感耦合方式的 RFID 系统一般采用低频和高频频率，典型的频率为 125 kHz、135 kHz、6.78 MHz、13.56 MHz 和 27.125 MHz。

　　（1）小于 135 kHz 的系统

　　该频段电子标签工作在低频，最常用的工作频率为 125 kHz 和 135 kHz。该频段系统的工作特性和应用介绍如下：

　　① 工作频率不受无线电频率管制约束；

　　② 阅读距离一般情况下小于 1 m；

　　③ 有较高的电感耦合功率可供电子标签使用；

　　④ 无线信号可以穿透水、有机组织和木材等；

　　⑤ 典型应用为动物识别、资产识别、工具识别和电子闭锁防盗等；

　　⑥ 与低频电子标签相关的国际标准有用于动物识别的 ISO/IEC 11784/11785 和空中接口协议 ISO/IEC 18000-2 等；

　　⑦ 非常适合近距离、低速度、数据量要求较少的识别应用。

　　（2）6.78 MHz 的系统

　　该频段电子标签工作在高频，系统的工作特性和应用介绍如下：

　　① 与 13.56 MHz 相比，电子标签可供使用的功率更大一些；

　　② 与 13.56 MHz 相比，时钟频率降低一半；

　　③ 有一些国家没有使用该频段。

（3）13.56 MHz 的系统

该频段电子标签工作在高频，系统的工作特性和应用介绍如下：

① 这是最典型的高频工作频率；

② 该频段的电子标签是实际应用中使用量较大的电子标签之一；

③ 该频段在世界范围内被当作 ISM 频段使用；

④ 我国第二代居民身份证采用了该频段；

⑤ 数据传输快，典型值为 106 kbit/s；

⑥ 高时钟频率，可实现密码功能或使用微处理器；

⑦ 典型应用包括电子车票、电子身份证和电子遥控门锁控制器等；

⑧ 相关的国际标准有 ISO/IEC 14443、ISO/IEC 15693 和 ISO/IEC 18000-3 等；

⑨ 电子标签一般被制成标准卡片形状。

（4）27.125 MHz 的系统

① 不是世界范围的 ISM 频段。

② 数据传输较快，典型值为 424 kbit/s。

③ 高时钟频率，可实现密码功能或使用微处理器。

④ 与 13.56 MHz 相比，电子标签可供使用的功率更小一些。

3.4　微波 RFID 的电磁波工作特性

　　微波 RFID 系统主要工作在几百 MHz 到几 GHz 之间，可以实现物品信息远程读取，可以识别高速运动的物体，可以同时识别多个目标。微波 RFID 系统是实现物联网的主要频段，也是目前被关注的焦点频段。

3.4.1　工作原理及电磁波特性

1. 微波 RFID 工作原理

　　微波 RFID 系统采用电磁反向散射的识别方式。微波的工作波长较短，电子标签基本都处于阅读器天线的远区，电子标签获得的是阅读器的辐射信号和辐射能量。微波电子标签分为有源标签与无源标签两类，电子标签接收阅读器天线的辐射场，阅读器天线的辐射场为无源电子标签提供射频能量，或将有源电子标签唤醒。微波系统的阅读距离一般大于 1 m，典型情况为 4～7 m，最大可达 10 m 以上。微波阅读器天线和电子标签天线之间的电磁辐射如图 3-5 所示。

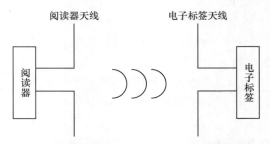

图 3-5　微波阅读器天线和电子标签天线之间的电磁辐射

2．电磁波工作特性

微波是视距传播，电磁波传播有直射、反射、绕射和散射等多种方式，并符合菲涅耳原理；微波电磁波传播有传输损耗，在传入有耗媒质时还会出现衰减现象。上述特性均会影响电子标签与阅读器之间的工作状况。

（1）电磁波在空气中的传输损耗

空气是理想介质，是不会吸收电磁波能量的。电磁波在空气中的传输损耗是指天线辐射的电磁波在传播过程中，随着传播距离的增大，由能量的自然扩散而引起的损耗，它反映了球面波的扩散损耗。自由空间的传输损耗为

$$L_{\text{bf}} = [32.45 + 20\lg f(\text{MHz}) + 20\lg d(\text{km})]\text{dB} \tag{3-9}$$

其中，d 为电磁波传播距离，f 为工作频率，λ 为工作波长。

由式（3-9）可以看出，电磁波传播的距离越长，或电磁波的工作频率越高，自由空间的传输损耗越大。当电子标签与阅读器的距离增加一倍，或系统的工作频率提高一倍时，自由空间的传输损耗会增加 6 dB。当工作频率分别为 900 MHz、2.4 GHz 和 5.8 GHz，阅读器与电子标签的距离分别为 1～10 m 时，自由空间的传输损耗如表 3-3 所示。

表 3-3　自由空间的传输损耗

阅读器与电子标签的距离/m	衰减（900 MHz）/dB	衰减（2.4 GHz）/dB	衰减（5.8 GHz）/dB
1	31.5	40.0	47.7
2	37.6	46.1	53.7
3	41.1	49.6	57.3
4	43.6	52.1	59.8
5	45.5	54.0	61.7
6	47.1	55.6	63.3
7	48.4	57.0	64.6
8	49.6	58.1	65.8
9	50.6	59.1	66.8
10	51.5	60.1	67.7

（2）直射、反射、绕射和散射

当有障碍物（包括地面）时，电磁波传播存在直射、反射、绕射和散射等多种方式。这些方式是在不同传播环境下产生的。总体来说，微波希望收发天线之间没有障碍物。

在 433.92 MHz 和 860～960 MHz 频段时，电磁波的绕射能力较强，障碍物对电磁波传播的影响较小；在 2.45 GHz 和 5.8 GHz 时，障碍物对电磁波传播的影响较大，收发天线直线之间最好不要有障碍物。

① 直射

直射是指电磁波在自由空间传播，没有任何障碍物。

② 反射

反射是由障碍物产生的。当障碍物的几何尺寸远大于波长时，电磁波不能绕过该障碍物，进而就会在该障碍物表面发生反射。当反射发生时，一部分能量会被反射回来，另一部分能量会透射到障碍物内，反射系数与障碍物的电特性和物理结构有关。

③ 绕射

绕射也是由障碍物产生的，电磁波绕过传播路径上的障碍物的现象称为绕射。当障碍物的尺寸与波长相近，且障碍物有光滑边缘时，电磁波可以从该物体的边缘绕射过去。电磁波的绕射能力与电磁波相对于障碍物的尺寸有关，波长比障碍物尺寸越大，绕射能力越强。

④ 散射

散射也与障碍物相关，当障碍物的尺寸或障碍物的起伏小于波长，或电磁波在传播的过程中遇到数量较大的障碍物时，电磁波就会发生散射。散射经常发生在粗糙表面、小物体或其他不规则物体的表面。

（3）视距传播与菲涅耳区

在微波波段，由于频率很高，所以无线电波使用视距传播的方式工作。视距传播时，收发天线之间传播的信号并非只占用收发天线之间的直线区域，而是占用一个较大的区域，这个区域可以用菲涅耳区来表示。菲涅耳区如图 3-6 所示。设 T 点为发射天线，R 点为接收天线，则以 T 点和 R 点为焦点的旋转椭球面所包含的空间区域就被称为菲涅耳区，如图 3-6（a）所示。若在 T、R 两点之间插入一个无限大的平面 S，并让平面 S 垂直于 TR 连线，则平面 S 将与菲涅耳区椭球相交成一个圆，圆的半径称为菲涅耳半径 F_1。

$$F_1 = \sqrt{\frac{\lambda d_1 d_2}{d}}$$
（3-10）

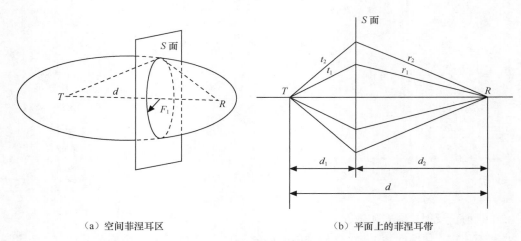

（a）空间菲涅耳区　　　　　　　　　　（b）平面上的菲涅耳带

图 3-6　菲涅耳区

若菲涅耳半径不同，则菲涅耳区的大小也不同。菲涅耳区有无数多个，分为最小菲涅耳区、第一菲涅耳区、第二菲涅耳区等。为了获得自由空间的传播条件，只要保证在一定的区域内没有障碍物就可以了，这个区域就被称为最小菲涅耳区。最小菲涅耳区是一个椭球区域，它的大小可用最小菲涅耳半径表示。最小菲涅耳区半径为

$$F_0 = 0.577 \sqrt{\frac{\lambda d_1 d_2}{d}}$$
（3-11）

其中，$d = d_1 + d_2$，为收发天线之间的距离。

由式（3-11）可知，当收发天线之间的距离固定时，波长越短，最小菲涅耳半径越小，菲涅耳椭球的区域越细长，最后会退化为一条直线，这也就是认为光的传播路径是直线的原因。

当工作在 433.92 MHz 和 860～960 MHz 频段时，工作波长较长，最小菲涅耳半径较大，所以电波的绕射能力较强，障碍物对电磁波传播的影响较小；当工作在 2.45 GHz 和 5.8 GHz 时，工作波长较短，最小菲涅耳半径较小，所以障碍物对电磁波传播的影响较大，此时收发天线直线之间最好不要有障碍物。

（4）电磁波的损耗

当电磁波在有耗介质中传播时，介质的电导率大于零，会损耗能量。在 RFID 环境中，介质的电导率越大，工作频率越高，电波衰减就越大。

① 当电磁波传播遇到潮湿介质时，如潮湿木材等，电磁波将出现损耗。

② 当电磁波传播遇到水时，如水产品等，电磁波将出现损耗。

③ 当电磁波传播遇到有机物质时，如各种动物等，电磁波将出现损耗。

④ 当电磁波传播遇到金属时，如铜、铝、铁等，电磁波将出现非常大的损耗。

3.4.2 常用系统

现在，电磁反向散射的 RFID 系统均采用微波频段，典型的频率为 433.92 MHz、860～960 MHz、2.45 GHz 和 5.8 GHz，称为微波系统。

（1）433.92 MHz 的系统

① 该频段处于微波频段的频率低端，具有穿透性强、绕射性强和传输距离远等特点。

② 该频段常采用有源电子标签。

③ 该频段的有源技术适用于各种复杂环境，尤其适用于隧道和山区等复杂环境。

（2）860～960 MHz 的系统

① 该频段是实现物联网的主要频段。

② 860～960 MHz 是 EPC Generation 2（EPC Gen2）标准描述的第二代 EPC 标签与阅读器之间的通信频率，EPC Gen2 标准是 EPCglobal 最主要的标准，目前世界上许多地区都分配了该频段的频谱用于 UHF RFID，EPC Gen2 标准的阅读器能适用于不同区域的要求。

③ 我国根据频率使用的实际状况及相关的试验结果，并经过频率规划专家咨询委员会的审议，规划将 840～845 MHz 及 920～925 MHz 频段用于 RFID 技术。

④ 以目前技术水平来说，无源微波电子标签比较成功的产品相对集中在 860～960 MHz 频段，特别是 902～928 MHz 频段。

⑤ 860～960 MHz 的设备造价较低。

（3）2.45 GHz 的系统

① 该频段是实现物联网的主要频段。

② 2.45 GHz 多为有源或半有源电子标签。

③ 日本泛在识别（UID）标准体系是 RFID 三大标准体系之一，UID 使用 2.45 GHz 系统。

（4）5.8 GHz 的系统

① 该频段的使用比 860～960 MHz 及 2.45 GHz 频段少。

② 国内外在道路交通方面使用的典型频率为 5.8 GHz。

③ 5.8 GHz 多为有源电子标签。

④ 5.8 GHz 比 860～960 MHz 的方向性更强。

⑤ 5.8 GHz 的数据传输速率比 860～960 MHz 更快。

⑥ 5.8 GHz 相关设备的造价比 860～960 MHz 更高。

3.5 本章小结

无线电波是指频率范围在 30 Hz～3000 GHz 的电磁波。按照频率从低到高（波长从长到短）的次序，电磁频谱可以划分为不同的频段。无线电波频谱的分段法有多种方式，如 IEEE 频谱分段法。频谱的分配是指将频率根据不同的业务加以分配，以避免频率使用混乱。现在进行频率分配的世界组织有 ITU、CCIR 和 IFRB 等，我国进行频率分配的组织是工业和信息化部无线电管理局。ISM 频段属于无许可的频段，主要开放给工业、科学和医疗 3 个领域使用。由于 RFID 系统不能对其他无线电服务造成干扰，因此其通常使用 ISM 频段。我国还制定了"800/900 MHz 频段技术应用试行规定"，频率为 840～845 MHz 和 920～925 MHz。

电磁波传播的特性可以通过电参数反映出来。电磁波传播的电参数是对阅读器与电子标签之间电磁波传播的定量分析，是选择工作频率和传播环境的依据。电磁波传播的电参数包括电磁波速度、工作频率、工作波长、角频率、相位常数等。

低频和高频的工作波长较长，电子标签与阅读器的距离很近，电子标签基本都处于阅读器天线的近区，电子标签通过电磁场感应获得信号与能量。在低频和高频系统中，电子标签和阅读器的天线基本上都是线圈形式的，两个线圈之间的作用可以理解为变压器的电磁场耦合。

微波是实现物联网的主要频段，也是目前被关注的焦点频段。微波主要工作在几百 MHz 到几 GHz 之间，空气中微波的工作波长在几厘米到几分米之间。由于工作波长较短，电子标签基本都处于阅读器天线的远区，电子标签通过电磁波辐射获得阅读器的信号与能量。微波的电磁波传播有以下特性：自由空间的传输损耗，视距传播与菲涅耳区，直射、反射、绕射和散射，多径传播与衰落。

3.6 思考与练习

1. 为什么要进行频谱的分配？国际和国内频谱分配的主要机构是什么？

2. 简述 IEEE 频谱分段法，并说明微波频段与射频频段的关系。

3. 什么是 ISM 频段？简述 RFID 系统使用的频段。

4. 分别计算空气中 125 kHz、6.78 MHz、13.56 MHz、27.125 MHz、433.92 MHz、869 MHz、915 MHz、2.45 GHz 和 5.8 GHz 的工作波长。这些频段中哪些适合电感耦合方式的系统？哪些适合电磁反向散射方式的系统？

5. 什么是自由空间的传输损耗？当阅读器与电子标签的距离分别为 1 m 和 10 m 时，分别计算工作频率为 900 MHz、2.45 GHz 和 5.8 GHz 的自由空间传输损耗。

6. 什么是电磁波的直射、反射、绕射和散射？工作频率为 433.92 MHz、860～960 MHz、2.45 GHz 和 5.8 GHz 时主要考虑电磁波的哪种传播方式？

7. 什么是视距传播？什么是最小菲涅耳区？视距传播是否意味着无线收发之间传播的信号占用收发天线之间的直线区域？

RFID 天线技术

04

chapter

本章导读

在无线通信领域，天线是通信设备不可缺少的组成部分。RFID 是利用无线电波来传递信息的，当信息通过空间传输时，无线电波的产生与接收要通过天线来完成。此外，在用无线电波传输能量时，非信号的能量传输也需要通过天线来完成。

天线对 RFID 系统而言十分重要，是决定 RFID 系统性能的关键部件。RFID 天线可以分为低频、高频及微波天线；在每一频段，天线又可分为阅读器天线和电子标签天线。在低频和高频频段，阅读器和电子标签基本都采用线圈天线；微波 RFID 天线形式多样，可以采用对称振子天线、微带天线、阵列天线、宽频带天线等。RFID 天线的制作工艺主要有线圈绕制法、蚀刻法、印刷法等。这些工艺中既有传统的制作方法，也有近年来才发展起来的新方法。

本章主要介绍天线的定义与分类，低频、高频和微波 RFID 天线技术，RFID 天线的制造工艺等内容。

教学目标

- 了解天线的定义、分类与电参数。
- 掌握低频、高频、微波 RFID 天线的结构、应用与设计方法。
- 了解 RFID 天线的制造工艺。

在无线通信中，由发射机产生的高频振荡能量经过馈线（在天线领域，传输线也称为馈线）传输到发射天线，然后由发射天线将其转变为电磁波能量向预定方向辐射。电磁波通过传播介质到达接收天线后，接收天线会将接收到的电磁波能量转变为导行电磁波，然后通过馈线传输到接收机，完成无线电波传输的过程。天线在上述无线电波传输的过程中，是无线通信系统的重要组成器件，如图 4-1 所示。

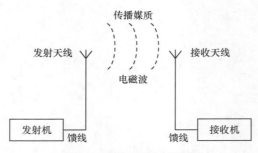

图 4-1　无线通信系统中的天线

4.1.1　天线的定义

利用电磁波传输信息和能量的工作，均依靠天线来完成。天线是用来发射或接收电磁波的装置。

任何天线都有一定的方向性、输入阻抗、带宽和功率容量等。由于应用领域众多，不同领域对天线的要求不尽相同，因此天线种类繁多。

天线在空间不同方向上发射或接收电磁波的效果不同，带有方向性。以发射天线为例，其发射的电磁波的能量在某些方向强、在某些方向弱、在某些方向为零。设计或使用天线时，天线的方向性是要考虑的主要因素之一。

天线作为一个单端口元件，被要求与相连接的馈线阻抗匹配。天线的馈线上要尽可能多地传输行波，从馈线传输到天线上的能量应不被天线反射，尽可能多地辐射出去。天线与馈线、接收机、发射机的匹配是天线工程中最关心的问题之一。

4.1.2　天线的分类

按结构进行分类，天线可分为线状天线、面状天线、缝隙天线、微带天线等。

1. 线状天线

线状天线是指线半径远小于线本身的长度和波长，且载有高频电流的金属导线。线状天线可以用于低频、高频和微波波段，有直线形、环形和螺旋形等多种形状。

2. 面状天线

面状天线是由尺寸大于波长的金属面构成,主要用于微波波段,形状有喇叭或抛物面状等。

3. 缝隙天线

缝隙天线是金属面上的线状长槽，长槽的横向尺寸远小于波长及纵向尺寸，长槽上有横向高频电场。

4. 微带天线

微带天线由一个金属贴片和一个金属接地板构成。金属贴片可以有各种形状，其中长方形和圆形是最常见的。微带天线适用于平面结构，并且可以采用印刷电路技术制造。

4.1.3 天线的电参数

天线的性能是用天线的电参数来描述的。天线的电参数，是选择天线和设计天线的依据。天线的电参数包括天线的效率、输入阻抗、方向性函数、方向图、方向性系数、增益、有效长度、极化、频带宽度等。天线发射是天线接收的逆过程，同一天线的收发参数相同，符合互易定理。

1. 效率

天线在工作时，并不能将传输到天线的能量全部辐射出去。天线的效率被定义为天线的辐射功率 P_Σ 与输入功率 P_{in} 的比值，即

$$\eta_A = \frac{P_\Sigma}{P_{in}} = \frac{P_\Sigma}{P_\Sigma + P_L} \qquad (4\text{-}1)$$

式中，P_L 是天线的总损耗能量，包括天线导体的损耗和天线介质的损耗。

2. 输入阻抗

天线的输入阻抗被定义为天线输入端电压与电流的比值，即

$$Z_{in} = \frac{U_{in}}{I_{in}} = R_{in} + jX_{in} \qquad (4\text{-}2)$$

式中，R_{in} 表示天线的输入电阻，X_{in} 表示天线的输入电抗。天线的输入阻抗取决于天线本身的结构和尺寸，且与激励方式、工作频率及周围物体的影响等有关。

天线的输入端是指天线与馈线的连接处。天线作为馈线的负载，要求做到阻抗匹配。当天线与馈线不匹配时，馈线上传输的能量部分会被天线反射，馈线传输系统的效率 η_ϕ 将小于 1。天线与馈线组成的整个系统的效率 η 为

$$\eta = \eta_\phi \eta_A \qquad (4\text{-}3)$$

3. 方向性函数

天线的方向性函数是指以天线为中心，在相同距离 r 的条件下，天线辐射场与空间方向的关系，用 $f(\theta,\phi)$ 表示。为了便于比较不同天线的方向特性，常采用归一化方向性函数 $F(\theta,\phi)$。

假设电基本振子（电基本振子是线状天线的基本元，线状天线可以看成是无穷多个电基本振子的叠加）的辐射电场为

$$E_\theta = j\frac{11}{2\lambda r}\eta_0 \sin\theta\, e^{-jkr} \qquad (4\text{-}4)$$

则电基本振子的方向性函数为 $f(\theta,\phi) = \sin\theta$。由于 $f(\theta,\phi)|_{max} = 1$，所以归一化方向性函数为 $F(\theta,\phi) = \sin\theta$。

4. 方向图

根据方向性函数绘制的图形称为方向图。方向图分为立体方向图、E 面方向图和 H 面方

向图。根据式（4-4）可得电基本振子的方向图如图 4-2 所示。

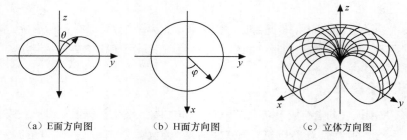

（a）E面方向图　　　　（b）H面方向图　　　　（c）立体方向图

图 4-2　电基本振子的方向图

（1）立体方向图

立体方向图可以完全反映天线的方向特性，图 4-2（c）为电基本振子的立体方向图。

（2）E 面方向图

E 面方向图是电场矢量所在平面的方向图。对沿 z 轴放置的电基本振子而言，E 面即为子午平面。图 4-2（a）为电基本振子的 E 面方向图。

（3）H 面方向图

H 面方向图是磁场矢量所在平面的方向图。对沿 z 轴放置的电基本振子而言，H 面即为赤道平面。图 4-2（b）为电基本振子的 H 面方向图。

（4）半功率波束宽度

天线的方向图由一个或多个波束构成，天线辐射最强方向所在的波束称为主瓣。在主瓣最大值的两侧，场强下降为最大值的一半（3 dB）的两点矢径的夹角，该夹角被称为半功率波束宽度。半功率波束宽度是衡量主瓣尖锐程度的物理量，是主瓣半功率点间的夹角。半功率波束宽度越窄，说明天线辐射的能量越集中，定向性越好。天线半功率波束宽度如图 4-3 所示。

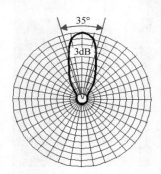

图 4-3　天线半功率波束宽度

5. 方向性系数

在离开天线某一距离处，天线在最大辐射方向上产生的功率密度与天线辐射出去的能量被均匀分到空间各个方向（即无方向性地辐射）时的功率密度之比，称为天线的方向性系数。天线的方向性系数 D 为

$$D = \frac{S_{\text{max}}}{S_{\text{av}}} = \frac{|E_{\text{max}}|^2}{|E_{\text{av}}|^2} \tag{4-5}$$

其中，E_{max} 是最大定向辐射密度，E_{av} 是全向辐射时的辐射密度。天线的方向性系数越大，天

线的方向性越强。根据方向性系数的定义，有

$$D = \frac{4\pi}{\int_0^{2\pi} \int_0^{\pi} [F(\theta,\phi)]^2 \sin\theta \mathrm{d}\theta \mathrm{d}\phi} \qquad (4\text{-}6)$$

【例 4.1】计算电基本振子的方向性系数。

解：电基本振子的归一化方向性函数为 $F(\theta,\phi)=\sin\theta$，将其代入式（4-6），得到

$$D = \frac{4\pi}{\int_0^{2\pi} \int_0^{\pi} [F(\theta,\phi)]^2 \sin\theta \mathrm{d}\theta \mathrm{d}\phi} = \frac{4\pi}{\int_0^{2\pi} \int_0^{\pi} \sin^3\theta \mathrm{d}\theta \mathrm{d}\phi} = 1.5 \qquad (4\text{-}7)$$

6. 增益

增益被定义为当天线与理想无方向性天线的输入功率相同时，两种天线在最大辐射方向上的辐射功率密度之比。增益同时考虑了天线的方向性系数与效率，可表示为

$$G = D\eta_A \qquad (4\text{-}8)$$

在通信系统中，增益的单位常用分贝（dB）表示。一个增益为 10 dB、输入功率为 1 W 的天线，与一个增益为 2 dB、输入功率为 5 W 的天线，在最大辐射方向上具有相同的辐射效果。

7. 有效长度

天线的有效长度是衡量天线辐射能力的又一个指标。很多天线上的电流分布是不均匀的，如图 4-4（a）所示。天线有效长度的定义是：在保持实际天线最大辐射方向上场强不变的前提下，假设天线上的电流为均匀分布，且电流的大小等于输入端的电流，则以此假想的天线长度即为天线的有效长度，如图 4-4（b）所示。在图 4-4 中，l 为天线的实际长度，l_e 为天线的有效长度。

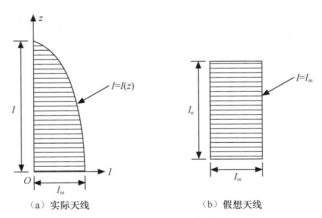

（a）实际天线　　　　　（b）假想天线

图 4-4　天线的有效长度

8. 极化

天线的极化是指在天线最大辐射方向上，电场矢量的方向随时间变化的规律。按轨迹形状可将极化分为线极化、圆极化和椭圆极化，如图 4-5 所示。

天线不能接收与其正交的极化分量。例如：垂直线极化天线不能接收水平线极化波，接收天线要保持与发射天线极化匹配。在实际应用中，当收发天线固定时，RFID 通常采用线极化天线；但当收发天线的一方剧烈摆动时，RFID 通常采用圆极化天线。另外，须保持收发天线

的主辐射方向对准，极化方向一致。

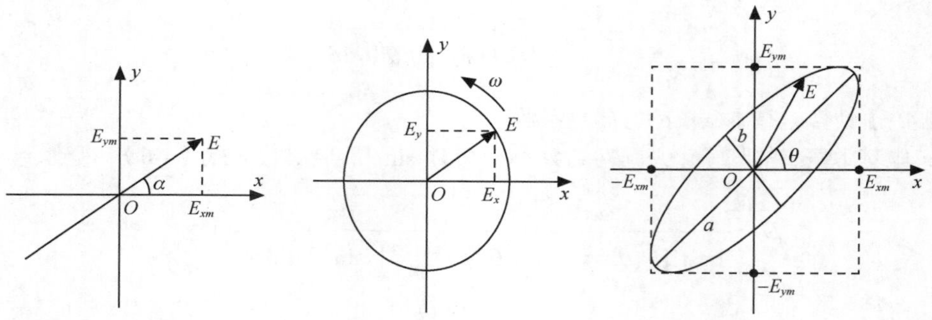

（a）线极化　　　　　　　　（b）圆极化　　　　　　　（c）椭圆极化

图 4-5　天线的极化

9．频带宽度

天线的所有电参数都与频率有关。当频率偏离中心频率时，会引起电参数变化，如方向图变形、输入阻抗改变等。天线的电参数满足技术指标要求时所对应的频率范围被称为天线的工作频带宽度，简称天线的带宽。

根据频带宽度的不同，可将天线分为窄频带天线、宽频带天线和超宽频带天线。一般来说，窄频带天线的相对带宽只有百分之几，宽频带天线的相对带宽可以达到百分之几十，超宽频带天线的相对带宽可以达到几个倍频程。

4.2　低频和高频 RFID 天线技术

RFID 系统在不同的应用环境中会使用不同的工作频段。不同工作频段的天线的工作原理不同，这使设计天线的方法也各不相同。在 RFID 系统中，天线分为电子标签天线和阅读器天线。这两种天线按方向性可分为全向天线和定向天线，按结构可分为线状天线和面状天线等，按形式可分为环形天线、偶极天线、双偶极天线、阵列天线、八木天线和螺旋天线等。在低频和高频频段，RFID 系统主要采用环形天线来完成能量与数据的电感耦合；在 433.92 MHz、860～960 MHz、2.45 GHz 和 5.8 GHz 的微波频段，RFID 系统可以采用多种类型的天线来完成能量和数据的辐射与接收。

在低频和高频频段，阅读器与电子标签基本都采用线圈天线。线圈之间存在互感，这使一个线圈的能量可以耦合到另一个线圈。因此，阅读器天线与电子标签天线之间采用电感耦合的方式工作。阅读器天线与电子标签天线采用近场耦合，即电子标签须处于阅读器的近区，否则近场耦合便会失去作用。当电子标签逐渐远离阅读器而处于阅读器的远区时，电磁场将摆脱天线，并作为电磁波进入空间。本节所讨论的低频和高频 RFID 天线，是基于近场耦合的概念而设计的。

4.2.1　低频和高频 RFID 天线的特点

1．低频和高频 RFID 天线的结构和图片

低频和高频 RFID 天线具有不同的构成方式，并可采用不同的材料。图 4-6 所示为几种实

际的低频和高频 RFID 天线。从图 4-6 中不仅可以看出各种 RFID 天线的结构，还可以看到与天线相连的芯片。

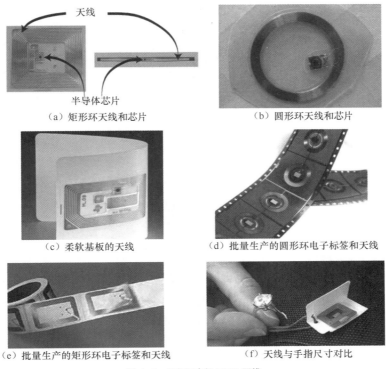

（a）矩形环天线和芯片　　　　　　　　（b）圆形环天线和芯片

（c）柔软基板的天线　　　　　　　　（d）批量生产的圆形环电子标签和天线

（e）批量生产的矩形环电子标签和天线　　　　　　（f）天线与手指尺寸对比

图 4-6　低频和高频 RFID 天线

由图 4-6 可以看出，低频和高频 RFID 天线有以下特点。

（1）天线都采用线圈的形式。

（2）线圈的形式多样，可以是圆形环，也可以是矩形环。

（3）天线的尺寸比芯片的尺寸大很多，电子标签的尺寸主要是由天线决定的。

（4）有些天线的基板是柔软的，适合粘贴在各种物体的表面。

（5）由天线和芯片构成的电子标签有时比拇指还小。

（6）由天线和芯片构成的电子标签可以在条带上批量生产。

2. 低频和高频 RFID 天线的磁场

电流周围磁场的存在方式与电流的分布有关。电流的不同分布会在其周围产生不同的磁场。

（1）圆形线圈产生的磁场

很多低频和高频 RFID 天线是圆形结构，采用了"短圆柱形线圈"。"短圆柱形线圈"在周围产生的磁场为

$$H_z = \frac{INR^2}{2(R^2 + z^2)^{3/2}} \qquad （4-9）$$

式中，R 为线圈的半径，z 为在线圈中心轴线上被测点距线圈圆心的距离，I 为线圈上的电流，N 为线圈的匝数。"短圆柱形线圈"的结构及其产生的磁场 H 如图 4-7 所示。

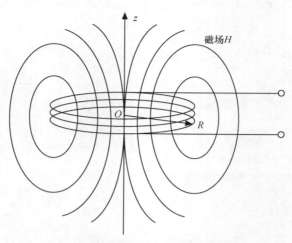

图 4-7　短圆柱形线圈的结构及其产生的磁场

"短圆柱形线圈"在其周围产生的磁场有以下特点。

① 磁场强度与线圈的匝数 N 有关，线圈的匝数越多，磁场越强。通常情况下，低频线圈的匝数较多，有几百甚至上千圈；高频线圈的匝数较少，有几或几十圈。

② 当被测点沿线圈的轴线离开线圈时，如果 $z \ll R$，则磁场的强度几乎不变。当 $z = 0$ 时，磁场强度的计算公式可简化为

$$H_z = \frac{IN}{2R}$$

（4-10）

③ 当被测点沿线圈的轴线离开线圈的距离较大时，即 $z \gg R$ 时，磁场强度的衰减与 z 的 3 次方成比例，衰减比较急剧，约为 60 dB 每 10 倍频程。这时磁场强度的计算公式可简化为

$$H_z = \frac{INR^2}{2z^3}$$

（4-11）

（2）矩形线圈产生的磁场

部分低频和高频 RFID 天线是矩形线圈结构，当被测点沿线圈的轴线离开线圈 z 距离时，矩形线圈结构在轴线上产生的磁场为

$$H = \frac{INab}{4\pi\sqrt{\left(\dfrac{a}{2}\right)^2 + \left(\dfrac{b}{2}\right)^2 + z^2}} \left[\frac{1}{\left(\dfrac{a}{2}\right)^2 + z^2} + \frac{1}{\left(\dfrac{b}{2}\right)^2 + z^2} \right]$$

（4-12）

式中，a 和 b 为矩形线圈的两个边长。

3. 低频和高频 RFID 天线线圈的最佳尺寸

天线线圈的最佳尺寸是指电流 I 和距离 z 为常数时，可产生最大磁场的线圈尺寸。下面以圆环形线圈为例，讨论线圈的最佳尺寸。计算结果表明，最大磁场与线圈尺寸的关系为

$$R = \sqrt{2}z$$

（4-13）

式（4-13）表明，当距离 z 为常数时，如果线圈的半径 $R=\sqrt{2}z$，则可以在距离 z 处产生最大磁场。也就是说，当线圈的半径 R 为常数时，如果距离 $z=0.707R$，就可以在距离 z 处获得最大磁场。

4.2.2 低频和高频 RFID 天线的设计

在 RFID 系统中，天线分为电子标签天线和阅读器天线。这两种天线的设计要求和所面临的技术问题是不同的。

1. RFID 电子标签天线的设计

电子标签天线的设计目标是使自身能够将最大的能量传输到电子标签芯片，这需要仔细设计天线与自由空间，以及天线与电子标签芯片之间的匹配。当工作频率增加到微波波段时，天线与电子标签芯片之间的匹配问题将变得更加严峻。电子标签天线的开发通常基于 50 Ω 或者 75 Ω 输入阻抗；而在 RFID 应用中，芯片的输入阻抗可能是任意值，并且很难在工作状态下被准确测试。缺少准确的参数，天线的设计效果就难以达到最佳。

电子标签天线的设计还面临许多其他难题，如小尺寸要求，低成本要求，所标识物体的形状及物理特性要求，电子标签到贴标签物体的距离要求，贴标签物体的介电常数要求，金属表面的反射要求，局部结构对辐射模式的影响要求等。这些要求都将影响电子标签天线的设计及其特性。

2. RFID 阅读器天线的设计

对于近距离 RFID 系统（如工作频率为 13.56 MHz、识别距离小于 10 cm 的识别系统），其天线与阅读器通常被集成在一起；对于远距离 RFID 系统（如工作在 UHF 频段、识别距离大于 3 m 的识别系统），其天线与阅读器通常采取分离式结构，但它们会通过阻抗匹配的同轴电缆连接到一起。由于阅读器的结构、安装和使用环境等变化多样，并且朝着小型化甚至超小型化发展，因此阅读器天线的设计面临新的挑战。

阅读器天线的设计要求具有低剖面、小型化及多频段覆盖的特点。对于分离式阅读器而言，其还将涉及天线阵的设计，小型化带来的低效率、低增益等问题，这些问题受到了国内外研究者的共同关注。他们已经开始研究阅读器应用的智能波束扫描天线阵，阅读器可以按照一定的处理顺序，通过智能天线感知天线覆盖区域的电子标签，进而增大系统的覆盖范围，并使阅读器自身能够判定目标的方位和速度等信息，即具备空间感应能力。

3. RFID 天线的设计步骤

设计 RFID 天线时，首先须选定应用的种类，并确定电子标签天线的要求参数；然后须根据电子标签天线的要求参数，确定天线采用的材料、电子标签天线的结构和芯片封装后的阻抗；最后须采用优化的方式，使芯片封装后的阻抗与天线匹配，并须通过综合仿真天线的其他参数以使其满足技术指标要求。使用网络分析仪可检测天线的各项指标。RFID 电子标签天线的设计步骤如图 4-8 所示。

RFID 电子标签天线的性能很大程度上依赖芯片的复数阻抗。复数阻抗是随频率变换的，因此天线的尺寸和工作频率限制了可达到的最大增益和带宽。为使标签获得最佳的性能，需要在设计天线时做折中，以满足设计要求。在天线的设计步骤中，电子标签的读取范围必须被严密监控。在标签构成发生变更或不同材料、不同频率的天线进行性能优化时，通常须采用可调的天线设计，以满足设计允许的偏差要求。

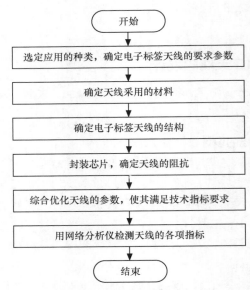

图 4-8　RFID 电子标签天线的设计步骤

　　因为使用环境复杂，RFID 天线的解析方法也很复杂。研究者通常采用电磁模型和仿真软件来分析天线。国际上比较流行的电磁三维仿真软件有 Ansoft 公司的高频结构仿真（High Frequency Structure Simulator，HFSS）和 CST 公司的 Microwave Studio（MWS）。这些软件可以求解任意三维射频和微波器件的电磁场分布，并可以直接得到辐射场和天线方向图，仿真结果与实测结果具有很好的一致性，是高效、可靠的天线设计软件。仿真软件对天线的设计而言非常重要，是一种快速有效的天线设计工具，在天线设计技术中使用较多。典型的天线设计方法是：首先对天线进行模型化处理；然后对模型进行仿真，在仿真中监测天线的射程、增益和阻抗等，并采用优化的方法对设计结果进行进一步调整；最后对天线进行加工并测量，直到其满足性能要求为止。

4.3　微波 RFID 天线技术

　　微波 RFID 天线技术是 RFID 技术领域最为活跃和发展最为迅速的技术。微波 RFID 天线与低频、高频 RFID 天线的工作原理不同。微波 RFID 天线采用电磁辐射的方式工作，阅读器天线与电子标签天线之间的距离较远，一般超过 1 m，典型值为 1～10 m；微波 RFID 的电子标签较小，这使天线的小型化成为设计的重点；微波 RFID 天线形式多样，有对称振子天线、微带天线、阵列天线和宽带天线等；微波 RFID 天线要求低造价，因此出现了许多天线制作的新技术。

4.3.1　微波 RFID 天线的特点

1. 微波 RFID 天线的结构和图片

图 4-9 所示为不同种类的微波 RFID 天线。由图 4-9 的各子图可以看出不同种类微波 RFID

天线的结构以及与天线相连的芯片。

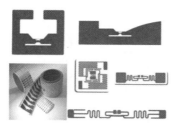 

（a）各种微波RFID天线　　　　　　　　（b）柔软基板的天线

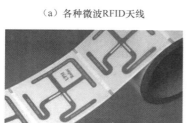 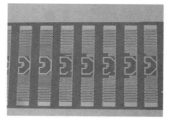

（c）天线尺寸明显大于芯片尺寸　　　　　（d）批量生产的电子标签和天线

（e）透明的电子标签和天线　　　　　　　（f）可扩充的微波RFID天线

图 4-9　微波 RFID 天线

由图 4-9 可以看出，微波 RFID 天线有以下特点。

（1）微波 RFID 天线的结构多样。

（2）很多电子标签天线的基板是柔软的，适合粘贴在各种物体的表面。

（3）天线的尺寸比芯片的尺寸大很多，电子标签的尺寸主要是由天线决定的。

（4）由天线和芯片构成的电子标签，很多是在条带上批量生产的。

（5）由天线和芯片构成的电子标签尺寸很小，部分种类的电子标签和天线是透明的。

（6）部分种类的天线提供可扩充装置。

2．微波 RFID 天线的应用方式

微波 RFID 天线的应用方式很多，下面以仓库流水线上的纸箱跟踪为例，给出微波 RFID 天线在跟踪纸箱过程中的使用方法。

（1）纸箱放在流水线上，通过传送带送入仓库。

（2）纸箱上贴有标签，标签有两种形式，一种是电子标签，一种是条码标签。为防止电子标签损毁，纸箱上还贴有条码标签，以作备用。

（3）在仓库门口放置 3 个阅读器天线，阅读器天线用于识别纸箱上的电子标签，从而完成物品识别与跟踪的任务。

微波 RFID 天线在纸箱跟踪中的应用如图 4-10 所示。

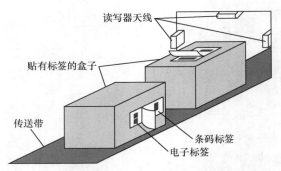

读写器天线

贴有标签的盒子

传送带

条码标签

电子标签

图 4-10　微波 RFID 天线在纸箱跟踪中的应用

4.3.2　微波 RFID 天线的设计

微波 RFID 天线的设计，需要考虑天线采用的材料、天线的尺寸、天线的作用距离，还需要考虑频带宽度、方向性、增益等多项性能指标。微波 RFID 天线主要包括弯曲偶极子天线、微带天线、阵列天线、八木天线、非频变天线等。下面对上述天线分别进行讨论。

1．弯曲偶极子天线

偶极子天线即振子天线。为了减小天线的尺寸，在微波 RFID 中偶极子天线常采用弯曲结构。弯曲偶极子天线在沿纵向延伸时至少须折返一次，从而使其具有至少两个导体段。这些导体段各具有一个延伸轴，并借助于一个连接段相互平行且有间隔地排列着。第一个导体段向空间延伸，折返的第二个导体段与第一个导体段垂直，两个导体段可扩展成一个导体平面。弯曲偶极子天线如图 4-11 所示，其可被视为变形的对称振子天线。

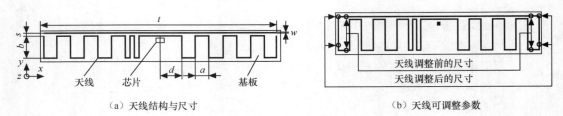

天线　　芯片　　　　　　　基板

（a）天线结构与尺寸

天线调整前的尺寸
天线调整后的尺寸

（b）天线可调整参数

图 4-11　弯曲偶极子天线

由于尺寸和调谐的要求，偶极子天线通常采用弯曲结构。弯曲结构允许天线紧凑，并提供了与弯曲轴垂直的平面上的全向辐射性能。通过调整参数，可以改变天线的增益和阻抗，也可以改变电子标签的谐振、最高射程、频带宽度等。

2．微带天线

微波 RFID 也常采用微带天线。微带天线是平面型天线，具有小型化、易集成、方向性好等优点，可以做成共形天线，易于形成圆极化，制作成本低，易于大量生产。微带天线按结构特征可以分为微带贴片天线和微带缝隙天线两大类；按形状可以分为矩形、圆形、环形等微带天线；按工作原理可以分成谐振型（驻波型）和非谐振型（行波型）微带天线。

大多数微带天线只在介质基片的一面上有辐射单元，因此可以用微带或同轴线馈电。因为天线输入阻抗不等于通常的 50 Ω 传输线阻抗，所以需要匹配。为了使频带加宽，可增加基片的厚度，或减小基片的相对介电常数（ε_r）值。改变介质板的厚度、介电常数和微带贴片的宽度等，从对方向图影响的角度来看，其对赤道面上方向图的影响不大，但对子午面上方向图的影响较为明显，前倾的半圆形方向图可能会变成横 8 字形方向图。

（1）微带贴片天线

① 微带驻波贴片天线

微带驻波贴片天线（Microstrip Patch Antenna，MPA）由介质基片、在基片一面上任意平面几何形状的导电贴片和在基片另一面上的导体接地板 3 部分构成。贴片形状多种多样，在实际应用中，由于某些特殊的性能要求和安装条件的限制，各种形状的微带驻波贴片天线均被应用。为适应各种特殊用途，对各种几何形状的微带驻波贴片天线进行分析相当重要。微带驻波贴片天线的贴片形状如图 4-12 所示。

正方形　　　圆形　　　矩形　　　五角形　　　圆环形

图 4-12　微带驻波贴片天线的贴片形状

② 微带行波贴片天线

微带行波贴片天线（Microstrip Traveling Wave Antenna，MTA）由介质基片、在基片一面上的链形周期结构或普通的长横向电磁（Transverse Electromagnetic，TEM）波传输线以及在基片另一面上的导体接地板 3 部分构成。TEM 波传输线的末端接匹配负载，当天线上维持行波时，可从天线结构设计上使主波束位于从边射到端射的任意方向。不同种类的微带行波贴片天线的形状如图 4-13 所示。

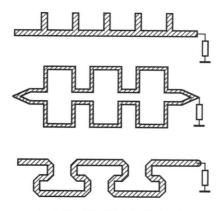

图 4-13　微带行波贴片天线的形状

（2）微带缝隙天线

微带缝隙天线由微带馈线和开在导体接地板上的缝隙组成。微带缝隙天线是把接地板刻出窗口（即缝隙），并在介质基片的另一面上印刷出微带线以对缝隙进行馈电的，缝隙可以是宽/窄矩形、圆形或环形。各种微带缝隙天线的形状如图 4-14 所示。

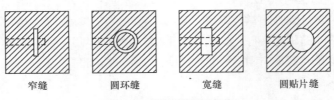

| 窄缝 | 圆环缝 | 宽缝 | 圆贴片缝 |

图 4-14　微带缝隙天线的形状

3. 阵列天线

阵列天线是一类由不少于两个天线单元按规则排列或随机排列,并通过适当激励获得预定辐射特性的天线。就发射天线来说,简单的辐射源(如点源、对称振子源等)是常见的。阵列天线将它们按照直线或者更复杂的形式排成某种阵列形式,进而构成阵列形式的辐射源,并通过调整阵列天线的馈电电流、间距、电长度等参数,来获取最好的辐射方向性。

通信技术的迅速发展,以及与天线相关的诸多研究方向的提出,都促进了新型天线的诞生,其中就包括智能天线。智能天线技术利用各用户间信号空间特征的差异,通过阵列天线技术在同一信道上接收和发射多个用户信号而不会发生相互干扰,使无线电频谱的利用和信号的传输更为有效。

自适应阵列天线是智能天线的主要类型,可以实现全向辐射,完成用户信号的接收和发送。自适应阵列天线采用数字信号处理技术识别用户信号的到达方向,并在此方向上形成天线主波束。自适应天线阵是一个由天线阵和实时自适应信号接收处理器组成的闭环反馈控制系统,它用反馈控制方法自动调准天线阵的方向图,以使其在干扰方向形成零陷,即将干扰信号抵消,而且可以使有用信号得到加强,从而达到抗干扰的目的。

4. 八木天线

八木天线是一种寄生天线阵,它只有一个阵元是直接馈电的,其他阵元都是非直接激励的,须采用近场耦合以从有源阵元处获得激励。八木天线有很好的方向性,较弯曲偶极子天线而言有较高的增益,实现了阵列天线提高增益的目的。八木天线如图 4-15 所示。

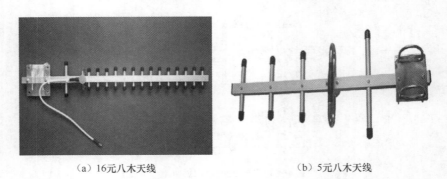

　　(a) 16元八木天线　　　　　　　　　　　　(b) 5元八木天线

图 4-15　八木天线

(1)八木天线的方向性。在八木天线中,比有源振子稍长一点的称为反射器,它在有源振子的一侧,起着削弱从这一侧传来的电磁波或本天线从这一侧发射出去的电磁波的作用;比有源振子稍短一点的称为引向器,它位于有源振子的另一侧,能增强从这一侧传来的或从这一侧发射出去的电磁波。引向器可以有许多个,每一个的长度都要同与其相邻并靠近有源振子的那根相同或比其略短一点。引向器数量越多，辐射方向越尖锐，增益越高，但实际上超过四五个引向器之后，这种增加就不太明显了，而体积大、自重增加、对材料强度要求提高、成本加大等问题却会逐渐突出。

（2）八木天线的"大梁"。八木天线的每个引向器和反射器都是用一根金属棒做成的，所有振子都按一定的间距平行固定在一根"大梁"上，大梁也是用金属材料做成的。振子的中点不需要与大梁绝缘，因为振子的中点正好位于电压的零点，零点接地没有问题。而且这样固定振子有一个好处：在空间感应到的静电可以通过这个中间接触点，将天线金属立杆导通到建筑物的避雷地网中去。

（3）八木天线的有源振子。八木天线的有源振子是一个关键的单元。有源振子有两种常见的形态，一种是直振子，另一种是折合振子。直振子是二分之一波长偶极振子，折合振子是直振子的变形。有源振子与馈线相接的地方必须与主梁保持良好的绝缘，而折合振子的中点却可以与大梁相连。

（4）八木天线的输入阻抗。二分之一波长折合振子的输入阻抗比二分之一波长偶极振子的输入阻抗高 4 倍。当增加引向器和反射器后，输入阻抗的关系就会变得复杂。总体来说，八木天线的输入阻抗比仅有的基本振子的输入阻抗要低很多，而且八木天线各单元的间距越大，阻抗越高，反之则阻抗越低，同时天线的效率也会降低。

（5）八木天线的阻抗匹配。八木天线需要与馈线实现阻抗匹配，因此就产生了各种各样的匹配方法。其中一种匹配方法是：在馈电处（并联）连接一段 U 型导体，它可以起到电感器的作用，通过与天线本身的电容形成并联谐振，以提高天线阻抗。还有一种简单的匹配方法是：把靠近天线馈电处的馈线绕成一个约六七圈的线圈挂在那里，这与 U 型导体匹配的原理类似。

（6）八木天线的平衡输出。八木天线是平衡输出的，它的两个馈电点对"地"呈现相同的特性。但一般的收发信机天线端口却是不平衡的，这将破坏天线原有的方向特性，而且在馈线上也会产生不必要的发射。一副好的八木天线，应该有"平衡—不平衡"转换。

（7）八木天线振子的直径。八木天线振子的直径对天线性能有影响；直径影响振子的长度，直径大，则振子的长度应略短；直径也影响带宽，直径大，天线品质因数 Q 值就低，工作频率带宽就大。

（8）八木天线的架设。架设八木天线时，要注意振子与大地平行还是垂直，并须使收信与发信双方保持姿态一致，以保证收发双方具有相同的极化方式。以大地为参考面，振子水平安装时，发射电磁波的电场与大地平行，称其为水平极化波；振子垂直安装时，发射电磁波的电场与大地垂直，称其为垂直极化波。

5. 非频变天线

通常情况下，相对带宽达到百分之几十的天线称为宽频带天线；若天线的频带宽度能够达到 10∶1，则称其为非频变天线。非频变天线能在一个很宽的频率范围内保持天线的阻抗特性和方向特性基本不变。

RFID 使用的频率很多，这要求一台阅读器可以接收不同频率的电子标签的信号，因此，阅读器发展的一个趋势是可以面向不同的频率被应用，这使得非频变天线的设计成为 RFID 领域的一个关键技术。非频变天线有多种形式，如圆锥等角螺旋天线和对数周期天线等。

（1）圆锥等角螺旋天线。平面等角螺旋天线的辐射是双方向的，为了得到单方向辐射，可以将天线做成圆锥等角螺旋天线。图 4-16 所示为实际的圆锥等角螺旋天线。

图 4-16　圆锥等角螺旋天线

（2）对数周期天线。对数周期天线是非频变天线的另一种形式，它的设计基于以下概念：当天线按比例因子 τ 变换后，若其依然具有它原来的结构，则天线的性能在频率为 f 和 τf 时保持相同。对数周期天线通常采用振子结构，在短波、超短波和微波波段都得到了广泛应用。对数周期天线有时需要圆极化。将两个对数周期天线的振子垂直放置，即可使其构成圆极化。圆极化对数周期天线如图 4-17 所示。

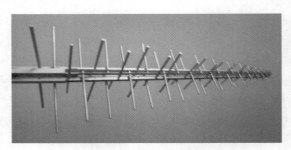

图 4-17　圆极化对数周期天线

4.4　RFID 天线的制造工艺

为适应电子标签的广泛应用和快速发展，RFID 天线采用了多种制造工艺。RFID 天线的制造工艺主要有线圈绕制法、蚀刻法和印刷法。低频 RFID 电子标签天线通常采用线圈绕制法制造而成；高频 RFID 电子标签天线利用以上 3 种方式均可实现制造，但以蚀刻法为主，所用材料一般为铝或铜；微波 RFID 电子标签天线则通常采用印刷法制造。

4.4.1　线圈绕制法

利用线圈绕制法制作 RFID 天线时，要在一个绕制工具上绕制电子标签线圈，并使用烤漆对其进行固定，此时，天线线圈的匝数一般较多。将芯片焊接到天线上之后，需要对天线和芯片进行粘合，并加以固定。采用线圈绕制法制作的 RFID 天线如图 4-18 所示。

（a）矩形绕制线圈天线

（b）圆形绕制线圈天线

图 4-18 采用线圈绕制法制作的 RFID 天线

线圈绕制法的特点如下。

（1）频率范围在 125～134 kHz 的 RFID 电子标签只能采用这种工艺，且线圈的匝数一般为几百或上千。

（2）这种方法的缺点是成本高，生产速度慢。

（3）高频 RFID 天线也可以采用这种制造工艺，线圈的匝数一般为几或几十。

（4）UHF 天线很少采用这种制造工艺。

（5）运用这种方法时，天线通常采用焊接的方式与芯片连接，此种技术只有在保证焊接牢靠、天线硬实、模块位置十分准确以及焊接电流控制较好的情况下，才能保证连接的质量。由于需要考虑的因素较多，这种方法容易使焊接出现虚焊、假焊和偏焊等缺陷。

4.4.2 蚀刻法

蚀刻法的基本步骤为：首先，在一个塑料薄膜上层压一个平面铜箔片；然后，在铜箔片上涂覆光敏胶，将其干燥后利用一个正片（具有所需形状的图案）对其进行光照，并将其放入化学显影液中，此时，感光胶的光照部分被洗掉并露出铜；最后，将其放入蚀刻池，所有未被感光胶覆盖的铜将被蚀刻掉，从而得到所需形状的天线。采用蚀刻法制作的 RFID 天线如图 4-19 所示。

（a）铜材料的线圈天线

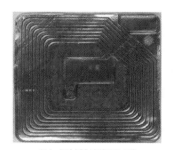
（b）铝材料的线圈天线

图 4-19 采用蚀刻法制作的 RFID 天线

蚀刻法的特点如下。

（1）蚀刻天线精度高，能够与阅读器的询问信号相匹配，制造良率较高，天线的阻抗、方向性等性能优异且稳定。

（2）这种方法的缺点是制作程序繁琐，产能低下，成本昂贵。

（3）高频 RFID 电子标签通常采用这种制造工艺。

（4）蚀刻的 RFID 电子标签耐用年限为 10 年以上。

4.4.3　印刷法

印刷法直接用导电油墨在绝缘基板（薄膜）上印刷导电线路，形成天线。印刷天线的主要印刷方法已从丝网印刷扩展到胶印印刷、柔性版印刷和凹印印刷等，较为成熟的制造工艺为网印技术与凹印技术。印刷天线技术的进步使 RFID 电子标签的生产成本降低，从而促进了其广泛的应用。

印刷天线技术可以用于大量制造 13.56 MHz 和 UHF 频段的 RFID 电子标签。该工艺的优点是产出最大、成本最低，缺点是电阻大、附着力低、标签耐用年限较短。采用印刷法制作的 RFID 天线如图 4-20 所示。

 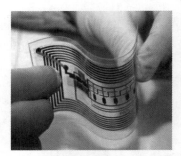

（a）印刷法制作的天线可批量生产　　　　（b）印刷法制作的天线有柔韧性

图 4-20　采用印刷法制作的 RFID 天线

1. RFID 印刷天线的特点

印刷天线与蚀刻天线、绕制天线相比，具有以下独特之处。

（1）可更加精确地调整电性能参数

RFID 电子标签天线的主要技术参数有谐振频率、Q 值和阻抗等。为了使天线获得最优性能，印刷 RFID 电子标签可以采用改变天线线圈匝数、天线尺寸和线径粗细的方法，将电性能参数精确调整到所需的目标值。

（2）可满足各种个性化要求

印刷天线技术可以通过局部改变天线的宽度、晶片层的厚度、物体表面的曲率和角度等，使生产的 RFID 天线满足客户的各种个性化要求，同时不降低其任何使用性能。

（3）可使用不同基体材料

印刷天线可按用户要求使用不同的基体材料，除可以使用聚氯乙烯外，还可以使用共聚酯、聚酯、丙烯腈-丁二烯-苯乙烯共聚物、聚碳酸酯和纸基材料等。如果采用绕线技术或蚀刻技术，就很难用 PC 等材料生产出适应恶劣环境条件的 RFID 电子标签。

（4）可使用不同厂家提供的晶片模块

随着 RFID 电子标签的广泛使用，越来越多的 IC 晶片厂家加入到了 RFID 晶片模块生产的队伍。由于缺乏标准，IC 晶片的电性能参数各不相同。印刷天线的结构灵活，可分别与各种不同晶片以及采用不同封装形式的模块相匹配，以获得最佳的使用性能。

2．RFID 印刷天线的应用价值

（1）促进各行业 RFID 技术的应用

对于一般商品而言，RFID 电子标签的使用会使产品成本提高，从而阻碍 RFID 技术的进一步应用。但导电油墨技术可使 RFID 应用走出成本瓶颈。利用导电油墨进行 RFID 天线的印刷，可降低 HF 及 UHF 天线的制作成本，从而降低 RFID 电子标签的总成本。

（2）促进印刷产业的发展

RFID 天线的制作需要借助先进的印刷技术，这为印刷行业拓宽了发展方向，使印刷行业不再局限于传统的纸面印刷，而是与自动识别行业、半导体行业等有了交叉点，促进了各个行业的共同进步。

4.5　本章小结

本章对 RFID 天线技术进行了简要介绍，阐述了 RFID 天线的定义、分类、电参数，给出了 RFID 天线的设计方法，并对 RFID 天线的制造工艺做了说明。

天线是用来发射或接收无线电波的装置，是 RFID 系统的重要组成部分。按结构来分类，天线可以分为线状天线、面状天线、缝隙天线、微带天线等。天线的性能指标是用天线的电参数来描述的，天线的电参数包括天线的效率、输入阻抗、方向性函数、方向图、方向性系数、增益、有效长度、极化、频带宽度等。

RFID 在不同的应用环境中会使用不同的工作频段，不同频段对应的天线工作原理不同，这使天线的设计方法也各不相同。在低频和高频频段，阅读器天线与电子标签天线之间采用电感耦合的方式工作，此时天线须基于近场耦合的概念进行设计。与低频、高频 RFID 天线相比，微波 RFID 天线的工作原理有所不同。微波 RFID 天线采用电磁辐射的方式工作，阅读器天线与电子标签天线之间的距离较远，此时天线可以采用对称振子天线、微带天线、阵列天线和宽带天线等。

RFID 天线采用了多种制造工艺，主要包括线圈绕制法、蚀刻法和印刷法。低频 RFID 电子标签天线通常采用线圈绕制法制造而成；高频 RFID 电子标签天线利用以上 3 种方式均可实现制造，但以蚀刻法为主，所用材料一般为铝或铜；微波 RFID 电子标签天线则通常采用印刷法制造。

4.6　思考与练习

1．简述天线的定义和天线的分类方法。

2．天线的电参数包括天线的效率、输入阻抗、方向性函数、方向图、方向性系数、增益、有效长度、极化、频带宽度等。简述上述电参数分别定量分析了天线的哪些性能指标。

3．画出电基本振子的立体方向图、E 面方向图和 H 面方向图，并计算电基本振子的半功率波束宽度和方向性系数。

4．简述半波和全波对称振子天线的结构、方向图形状、半功率波束宽度和辐射电阻的数值。对称振子天线加粗能提高频带宽度吗？原因是什么？

5. RFID 天线应用的一般要求是什么？RFID 天线分为电子标签天线和阅读器天线，这两种天线的设计要求和面临的技术问题相同吗？典型的天线设计方法是什么？

6. 简述低频和高频 RFID 天线的结构与磁场分布。对于圆环形线圈而言，线圈天线的最佳尺寸是什么？当线圈天线的半径为常数时，与线圈相距多少时可以获得最大的磁场？

7. 微波频段 RFID 采用哪些天线？其中，弯曲偶极子天线的设计特点是什么？举例说明微波 RFID 天线的应用方式。

8. 简述线圈绕制法、蚀刻法和印刷法的天线制造工艺特点。哪种频段的 RFID 天线采用上述工艺？印刷天线的应用价值是什么？

05
chapter

RFID 射频前端

本章导读

　　低频和高频 RFID 射频前端基本上采用电感耦合方式进行能量和数据传输。在电感耦合方式中，阅读器和电子标签中的线圈天线都相当于电感，电感线圈在电流的作用下产生交变磁场，可使阅读器和电子标签互相耦合，进而实现两者之间的能量和数据传输。同时，线圈产生的电感和射频电路的电容形成谐振电路，能有效地对通过的信号频率进行选择并衰减通频带外的信号。

　　本章在介绍串联谐振、并联谐振和耦合回路的基础上，阐述了阅读器射频前端和电子标签的电路结构、工作的基本原理和它们之间的数据传输过程。

教学目标

- 掌握串联谐振回路和并联谐振回路的基本原理。
- 了解阅读器和电子标签的结构。
- 了解负载调制。

5.1.1 阅读器天线电路的选择

典型的天线电路有 3 种：串联谐振回路、并联谐振回路和具有初级与次级线圈的耦合电路。阅读器的天线主要用于产生磁通，该磁通通过电子标签（向其提供电源），实现阅读器和电子标签之间的能量和数据信息传递。对阅读器天线电路的选择需要考虑：

（1）阅读器天线上的电流最大，这使阅读器线圈能够产生最大的磁通；

（2）功率匹配，最大程度输出阅读器的能量；

（3）能拥有足够的频带宽度。

根据以上要求，串联谐振电路由于具有电路简单，谐振时可获得最大的回路电流，通过调整谐振电路的品质因数，可得到足够的频带宽度等特点，从而被广泛采用。

5.1.2 串联谐振回路

对于某一频率的正弦信号，如果电路呈现电阻特性，即出现电路端口的电压和电流同相位的现象，那么就称该电路产生了谐振。在图 5-1 所示的串联电路中，电感 L 存储磁能，电容 C 存储电能。当电感 L 存储的磁能和电容 C 存储的电能相等时，电路发生串联谐振，输入阻抗表现为纯电阻。

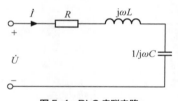

图 5-1 RLC 串联电路

1．谐振条件及谐振频率

在图 5-1 所示的 RLC 串联电路中，端口的总阻抗为

$$Z = \frac{\dot{U}}{\dot{I}} = R + \mathrm{j}\omega L + \frac{1}{\mathrm{j}\omega C} \qquad (5\text{-}1)$$

当满足 $\mathrm{j}\omega L + \dfrac{1}{\mathrm{j}\omega C} = 0$ 时，即当 $\omega L = \dfrac{1}{\omega C}$ 成立时，电路发生串联谐振，电路的总阻抗呈现纯电阻特性，即端口的电压和电流的相位相同。

由此可以得出，RLC 电路产生串联谐振时的角频率 ω_0 和频率 f_0 分别为

$$\omega_0 = \frac{1}{\sqrt{LC}} \qquad f_0 = \frac{1}{2\pi\sqrt{LC}} \qquad (5\text{-}2)$$

从式（5-2）可以看出，当元件电感 L 和电容 C 的数值确定之后，RLC 串联电路的谐振频率就确定了，即 RLC 串联谐振频率只与电路的元件参数有关，此时的谐振频率也称为电路的固有频率。当 RLC 串联电路发生谐振时，感抗和容抗在数值上是相等的，这时的感抗和容抗也称为谐振电路的特性阻抗，用 ρ 表示为

$$\rho = \omega_0 L = \frac{1}{\omega_0 C} = \sqrt{\frac{L}{C}} \quad\quad (5\text{-}3)$$

要使电路发生谐振,有两种方式:一是改变电路中电感 L 或电容 C 的值,让电路的谐振频率和输入信号频率相等;二是改变输入信号频率,让输入频率和电路的谐振频率相等。

2. 谐振特性

RLC 串联谐振回路具有以下特性。

(1)谐振时,阻抗 $Z=R$ 为最小值,表现为纯阻性。

$$Z_0 = \frac{\dot{U}}{\dot{I}} = R + j\left(\left(\omega_0 L - \frac{1}{\omega_0 C}\right)\right) = R \quad\quad (5\text{-}4)$$

(2)谐振时,端口电压和电流的相位相同,回路电流最大。

$$I_0 = \frac{U}{R} \quad\quad (5\text{-}5)$$

(3)谐振时,电感和电容两端电压的模值相等。

在谐振时,各元件上的电压分别为

$$\dot{U}_R = \dot{I}_0 R = \dot{U}_s \quad\quad (5\text{-}6)$$

$$\dot{U}_L = j\omega_0 L \dot{I}_0 = j\frac{\omega_0 L}{R}\dot{U}_s = jQ\dot{U}_s \quad\quad (5\text{-}7)$$

$$\dot{U}_C = -j\frac{1}{\omega_0 C}\dot{I}_0 = -j\frac{1}{R\omega_0 C}\dot{U}_s = -jQ\dot{U}_s \quad\quad (5\text{-}8)$$

式(5-7)和式(5-8)中的 Q 称为回路的品质因数。品质因数是一个与电路参数有关的常数,可以用来表征谐振电路的性能。通常,回路的 Q 值可达几十或近百,谐振时电感和电容两端的电压将比信号源电压大十到百倍,所以在选择电路元件时,须考虑元件的耐压问题。

$$Q = \frac{\omega_0 L}{R} = \frac{1}{\omega_0 CR} = \frac{1}{R}\sqrt{\frac{L}{C}} = \frac{1}{R}\rho \quad\quad (5\text{-}9)$$

串联谐振时,电容和电感上的电压大小相等,方向相反,互相抵消,电阻上的电压等于电源电压,所以串联谐振也称为电压谐振。

3. 谐振曲线和通频带

回路中的电流幅值和谐振时的电流幅值之比与外加信号源频率之间的关系曲线称为谐振曲线。回路电流与谐振时的电流之比为

$$\frac{\dot{I}}{\dot{I}_0} = \frac{\dfrac{\dot{U}_s}{R + j\left(\omega L - \dfrac{1}{\omega C}\right)}}{\dfrac{\dot{U}_s}{R}} = \frac{R}{R + j\left(\omega L - \dfrac{1}{\omega C}\right)} = \frac{1}{1 + jQ\left(\dfrac{\omega}{\omega_0} - \dfrac{\omega_0}{\omega}\right)} \quad\quad (5\text{-}10)$$

取其模值，可得

$$\frac{\dot{I}_m}{\dot{I}_{0m}} = \frac{1}{\sqrt{1 + Q^2 \left(\dfrac{\omega}{\omega_0} - \dfrac{\omega_0}{\omega} \right)^2}} \tag{5-11}$$

根据式（5-11）可画出谐振曲线，如图 5-2 所示。图中 $Q_1 > Q_2$，由图可见，品质因数 Q 越大，谐振曲线越陡，回路的选择性越好。

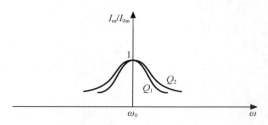

图 5-2　串联谐振回路的谐振曲线

如图 5-3 所示，电路电流会在 $\omega = \omega_0$ 时取得最大值，当 ω 越偏离 ω_0 时，电流幅值越小，一直到电流幅值趋近为零。图 5-3 说明 RLC 串联谐振电路具有带通特性，可以使谐振频率附近的一部分频率通过，而抑制其他频率的分量。

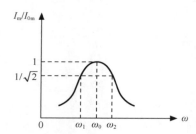

图 5-3　串联谐振回路的通频带

当电流幅值由最大值 I_{0m} 下降到 $1/\sqrt{2}\, I_{0m}$ 时，频率会由 ω_0 下降到 ω_1 或由 ω_0 上升到 ω_2。ω_1 称为下限截止频率，ω_2 称为上限截止频率，$\omega_1 \sim \omega_2$ 之间的频率范围称为通频带 BW。

$$\mathrm{BW} = \frac{\omega_2 - \omega_1}{2\pi} = \frac{\omega_0}{2\pi Q} = \frac{f_0}{Q} \tag{5-12}$$

由式（5-12）可以得出，品质因数 Q 越大，通频带越小，对频率的选择性越好。

5.1.3　电感线圈的交变磁场

1. 短圆柱形线圈的磁感应强度

为了在电感耦合 RFID 系统的阅读器中产生交变磁场，通常采用短圆柱形线圈或导体回路作为磁性天线，如图 5-4 所示。离线圈中心距离 d 处的 P 点的磁感应强度 B_z 的大小为

$$B_z = \frac{\mu_0 i N r^2}{2(r^2 + d^2)^{3/2}} \tag{5-13}$$

其中，μ_0 为真空磁导率，i 为流过线圈的电流，N 为线圈的匝数，r 为线圈的半径，d 为离线圈中心的距离。

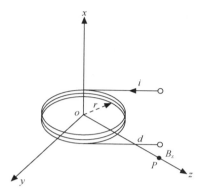

图 5-4　导体回路产生的磁场

对式（5-13）进行分析可得结论：从线圈中心到一定距离磁场的强度几乎不变，而后会急剧下降，表现为大约按照 60 dB/10 倍距离的程度衰减。

2. 天线辐射场

发射天线以电磁波的形式将射频信号辐射出去，它附近的电磁场可以分为两个独立的区域，即近场和远场。两者的边界为

$$r_\lambda = \frac{\lambda}{2\pi} \tag{5-14}$$

式中，r_λ 为边界到天线的距离，λ 为电磁波的波长。

当满足条件 $r \ll r_\lambda$ 时，对应的电磁场区域称为近场，该区域（也称为准静态场）中的场强的变化与天线的电流和电荷分布成正比。当满足条件 $r \gg r_\lambda$ 时，对应的电磁场区域称为远场（也称为辐射场），电磁波向外辐射且不再返回。表 5-1 给出了不同频率下的电磁波的近场区和远场区的距离估值。

表 5-1　不同频率的近场区和远场区的距离估值

频率 f	波长 λ	边界距离 r_λ
<135 kHz	>2222 m	>353 m
13.56 MHz	22 m	3.5 m
433.92 MHz	69 cm	11 cm
915 MHz	33 cm	5.2 cm
2.45 GHz	12 cm	1.9 cm
5.83 GHz	52 mm	8.28 mm

由表 5-1 可知，在低频和高频（如 135 kHz 和 13.56 MHz）工作的 RFID 系统须满足 $r \ll r_\lambda$ 条件，所以电磁能量的传送一般在近场中完成，该类系统也称为感应耦合系统。在微波频段（如 433.92 MHz、915 MHz、2.45 GHz、5.83 GHz）工作的 RFID 系统一般满足 $r \gg r_\lambda$ 条件，所以电磁能量的传送一般在远场中完成，该类系统也称为微波辐射系统。由于感应耦合系统和微波辐射系统的能量产生和传送方式不同，因此在设计 RFID 系统的天线时必须适当考虑。

5.2 电子标签射频前端

5.2.1 电子标签天线电路的连接

电子标签的天线主要用于耦合阅读器的磁通，该磁通不仅给电子标签供电，还可实现阅读器和电子标签之间的能量和数据信息传递。电子标签天线电路的选择需要考虑以下内容。

（1）电子标签天线上能获得最大的感应电压。

（2）功率匹配，使电子标签最大程度地耦合来自阅读器的能量。

（3）能拥有足够的频带宽度。

根据以上要求，无源电子标签多采用并联谐振回路。并联谐振又称为电流谐振，在谐振时，电感和电容支路中的电流到达最大值，即谐振回路两端可获得最大的电压，这对无源电子标签的能量获取是非常必要的。

5.2.2 并联谐振回路

并联谐振回路如图 5-5 所示，由电阻 R、电感 L 和电容 C 并联而成，其中电感 L 是由电子标签的线圈构成的。对于某一频率的正弦信号，当出现电路端口的电压和电流相位相同的现象时，表明该电路发生了谐振。

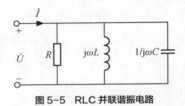

图 5-5 RLC 并联谐振电路

1. 谐振条件及谐振频率

图 5-5 所示的 RLC 并联谐振电路，其端口的总导纳为

$$Y = \frac{\dot{I}}{\dot{U}} = \frac{1}{R} + \frac{1}{j\omega L} + j\omega C \qquad (5\text{-}15)$$

当满足 $\frac{1}{j\omega L} + j\omega C = 0$ 时，即当 $\omega C = \frac{1}{\omega L}$ 条件成立时，电路发生并联谐振，电路呈现纯电阻特性，即端口的电压和电流的相位相同。

根据定义，RLC 电路产生并联谐振时的角频率 ω_0 和频率 f_0 分别为

$$\omega_0 = \frac{1}{\sqrt{LC}} \qquad f_0 = \frac{1}{2\pi\sqrt{LC}} \qquad (5\text{-}16)$$

与串联谐振类似，要使电路发生并联谐振同样有两种方式：一是改变电路中电感 L 或电容 C 的值，让电路的谐振频率与输入信号频率相等；二是改变输入信号频率，让输入频率与电路的谐振频率相等。

2. 谐振特性

RLC 并联谐振回路具有以下特性。

（1）谐振时，导纳 $Y = \frac{1}{R}$ 为最小值，表现为纯电导特性。

$$Y_0 = \frac{\dot{I}}{\dot{U}} = \frac{1}{R} + j\left(\omega_0 C - \frac{1}{\omega_0 L}\right) = \frac{1}{R} \qquad (5\text{-}17)$$

（2）谐振时，端口电压和电流的相位相同，端口电压最大。

$$U_0 = \frac{I}{Y_0} \tag{5-18}$$

（3）谐振时，电感和电容支路的电流的模值相等。

在谐振时，各元件上的电流分别为

$$\dot{I}_R = \frac{\dot{U}_s}{R} \tag{5-19}$$

$$\dot{I}_L = \frac{\dot{U}_s}{j\omega_0 L} = -j\frac{R}{\omega_0 L}\dot{I}_R = -jQ\dot{I}_R \tag{5-20}$$

$$\dot{I}_C = j\omega_0 C\dot{U}_s = j\omega_0 CR\dot{I}_R = jQ\dot{I}_R \tag{5-21}$$

式（5-20）和式（5-21）中的 Q 为并联谐振电路的品质因素，即

$$Q = \frac{R}{\omega_0 L} = \omega_0 CR \tag{5-22}$$

并联谐振时，电容和电感上的电流大小相等，方向相反，互相抵消，电阻上的电流等于电源电流，所以并联谐振也称为电流谐振。

3. 谐振曲线和通频带

与串联谐振分析类似，回路中的端口电压幅值和谐振时的端口电压幅值之比与外加信号源频率之间的关系曲线，称为并联谐振曲线。回路端口电压与谐振时的电压之比为

$$\frac{\dot{U}}{\dot{U}_0} = \frac{\dfrac{\dot{I}_s}{\frac{1}{R} + j\left(\omega C - \frac{1}{\omega L}\right)}}{R\dot{I}_s} = \frac{1}{1 + j\left(R\omega_0 C - \frac{1}{\omega_0 L}\right)} = \frac{1}{1 + jQ\left(\dfrac{\omega}{\omega_0} - \dfrac{\omega_0}{\omega}\right)} \tag{5-23}$$

取其模值，可得

$$\frac{U_m}{U_{0m}} = \frac{1}{\sqrt{1 + Q^2\left(\dfrac{\omega}{\omega_0} - \dfrac{\omega_0}{\omega}\right)^2}} \tag{5-24}$$

根据式（5-24）可画出谐振曲线，如图 5-6 所示。与串联谐振电路分析类似，并联谐振电路也可以使谐振频率附近的一部分频率分量通过，而抑制其他频率分量。

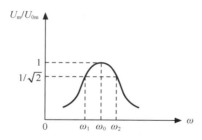

图 5-6　串联谐振回路的通频带

与串联谐振电路一样，并联谐振电路的同频带 BW 为

$$BW = \frac{\omega_2 - \omega_1}{2\pi} = \frac{\omega_0}{2\pi Q} = \frac{f_0}{Q} \qquad (5\text{-}25)$$

由式（5-25）可以得出，品质因数 Q 越大，通频带越小，对频率的选择性越好。

5.2.3　串、并联阻抗等效互换

在电路分析中经常会用到串、并联阻抗等效互换。图 5-7（a）所示为一个串联电路，图 5-7（b）所示为一个并联电路。等效变换是指电路工作在同一个正弦信号下，从端口 AB 看进去的阻抗相等。如图 5-7（a）所示，R_1 为外电阻，X_1 为电抗，R_x 为 X_1 的串联损耗（内阻）。

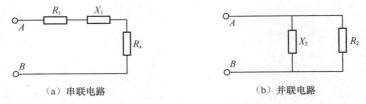

（a）串联电路　　　　　　　　　　（b）并联电路

图 5-7　串联、并联阻抗的等效互换

从阻抗相等的条件可得

$$(R_1 + R_x) + jX_1 = \frac{R_2(jX_2)}{R_2 + jX_2} \qquad (5\text{-}26)$$

由式（5-26）可推出

$$R_1 + R_x = \frac{R_2}{1 + \left(\dfrac{R_2}{X_2}\right)^2} = \frac{R_2}{1 + Q_1^2} \qquad (5\text{-}27)$$

$$X_1 = \frac{X_2}{1 + \left(\dfrac{X_2}{R_2}\right)^2} = \frac{X_2}{1 + \left(\dfrac{1}{Q_1}\right)^2} \qquad (5\text{-}28)$$

其中，Q_1 为串联电路的品质因数，即

$$Q_1 = \frac{X_1}{R_1 + R_x} = \frac{R_2}{X_2} \qquad (5\text{-}29)$$

5.3　阅读器和电子标签之间的电感耦合

阅读器通过电感耦合的方式给电子标签提供能量，当电子标签进入阅读器产生的交变磁场时，阅读器的电感线圈就会产生感应电压，这符合法拉第电磁感应定律。阅读器与电子标签的电感耦合关系如图 5-8 所示。按照供电的来源，电子标签可分为有源电子标签和无源电子标签。有源电子标签有自己的电池，阅读器提供的能量只是一个唤醒信号而已。对于无源电子标签，阅读器提供的能量为电子标签的数据载体供电。

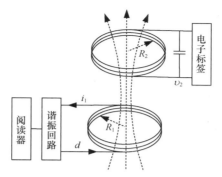

图 5-8　阅读器与电子标签的电感耦合关系

5.3.1　电子标签线圈感应电压的计算

法拉第定理指出，对于磁场中的任意一个闭合导体回路，当穿过该回路的磁通量发生改变时，在导体上将产生感应电压，并在回路中会产生感应电流。感应电压与磁通量的关系为

$$\upsilon = \frac{\mathrm{d}\psi}{\mathrm{d}t} \tag{5-30}$$

从式（5-30）可以看出，感应电压的大小与穿过导体所有面积的总磁通量的变化率成正比。

阅读器与电子标签之间的耦合关系如图 5-8 所示，假设阅读器线圈的匝数为 N_1，电子标签线圈的匝数为 N_2，线圈的半径为 R_1 和 R_2，阅读器和电子标签平行放置且距离为 d，则电子标签上的感应电压为

$$\upsilon_2 = -\frac{\mathrm{d}\psi}{\mathrm{d}t} = -\frac{\mu_0\pi N_1 N_2 R_1{}^2 R_2{}^2}{2(R_1{}^2 + d^2)^{3/2}}\frac{\mathrm{d}i_1}{\mathrm{d}t} = -M\frac{\mathrm{d}i_1}{\mathrm{d}t} \tag{5-31}$$

由式（5-31）可知，电子标签上的感应电压与互感 M 的大小成正比，互感 M 与距离 d 的 3 次方成反比。所以，如果要使电子标签天线截获的能量可以供电子标签芯片正常工作且能够信息交换，就必须使电子标签靠近阅读器。

5.3.2　电子标签谐振回路端电压的计算

前面已经介绍过电子标签射频前端采用的并联谐振电路，其等效电路如图 5-9 所示。其中，υ_2 为电感线圈 L_2 中的感应电压，R_2 为电感线圈的损耗电阻，C_2 为谐振电容，R_L 为电子标签芯片的负载电阻，υ_2' 为电子标签谐振回路两端的电压。

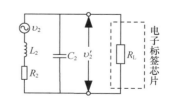

图 5-9　电子标签并联谐振回路的等效

在图 5-9 中，电压 υ_2' 的频率等于阅读器电压的工作频率，也等于电子标签电感 L_2 和电容 C_2 的谐振频率。所以有

$$\upsilon_2' = Q\upsilon_2 = -Q\frac{\mu_0\pi N_1 N_2 R_1{}^2 R_2{}^2}{2(R_1{}^2 + d^2)^{3/2}}\frac{\mathrm{d}i_1}{\mathrm{d}t} = -QM\frac{\mathrm{d}i_1}{\mathrm{d}t} \tag{5-32}$$

将 $i_1 = I_1\sin(\omega t)$ 和 $\dfrac{\mathrm{d}i_1}{\mathrm{d}t} = I_{1m}\omega\cos(\omega t)$ 代入式（4-32）可得

$$\upsilon_2' = -2\pi f\, N_2 SQB_z \tag{5-33}$$

其中，

$$S = \pi R_2{}^2 \ , \quad B_z = \frac{\mu_0 N_1 R_1{}^2}{2(R_1{}^2 + d^2)^{3/2}} I_{1m}\cos(\omega t) \tag{5-34}$$

5.3.3　电子标签直流电源电压的产生

电子标签通过与阅读器进行电感耦合产生交变电压，该电压需要通过整流、滤波和稳压才能成为电子标签需要的直流电压。电子标签直流电源电压变换过程，如图 5-10 所示。

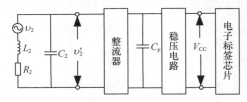

图 5-10　电子标签直流电源电压变换过程

1. 整流与滤波

图 5-10 中的整流电路一般采用全波整流电路，滤波电容 C_p 一般选的较大，用于滤掉高频成分，这样通过整流之后就可获得直流电压。

2. 稳压电路

通过整流和滤波得到的直流电压，将随着电子标签与阅读器的距离的变化而变化。但是由于电子标签需要一个稳定的直流电压，因此须通过稳压电路得到稳定电压 V_{CC}。

5.3.4　负载调制技术

在阅读器与电子标签交换信息的过程中，阅读器通过调制自己产生的耦合磁场来实现向电子标签发送数据。而负载调制是电子标签向阅读器传输数据常用的方法。该调制方法在 125 kHz 和 13.56 MHz 的 RFID 系统中得到了广泛应用，电子标签与阅读器之间的能量交换与变压器结构类似。在负载调制中，调制技术主要分为电阻负载调制和电容负载调制。

1. 电阻负载调制

电阻负载调制的原理如图 5-11 所示，图中负载 R_L 并联一个负载调制电阻 R_{mod}，该电阻的接通或断开是通过开关 S 按照通信数据流的二进制编码来控制的。电子标签线圈并联的阻抗变化可通过互感作用使阅读器线圈回路的阻抗变化，从而引起阅读器天线的电压变化。

当二进制数据编码为 1 时，设开关 S 闭合，此时电子标签的负载电阻为 $R_L /\!/ R_{mod}$；当二进制数据编码为 0 时，开关断开，电子标签负载电阻为 R_L。在电阻负载调制中，电子标签的负载电阻有两个值，即 R_L（S 断开）和 $R_L /\!/ R_{mod}$（S 闭合），显然 $R_L /\!/ R_{mod} < R_L$。

开关 S 闭合和断开将引起电子标签负载电阻的变化,即引起品质因数 Q 的变化,从而可使谐振回路两端的电压变化。

当电子标签谐振电路两端的电压变化时,由于电感耦合,将引起阅读器线圈两端电压的变化,从而可产生对阅读器电压的调幅。

电阻负载调制实现电子标签到阅读器的数据传输过程,如图 5-12 所示。在电子标签中以二进制编码信号控制开关 S,进而使数据以调幅方式从电子标签传输到阅读器。阅读器通过对线圈的电压进行包络检测可实现数据的解调回收。

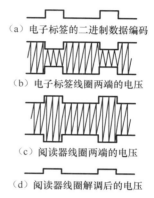

（a）电子标签的二进制数据编码

（b）电子标签线圈两端的电压

（c）阅读器线圈两端的电压

（d）阅读器线圈解调后的电压

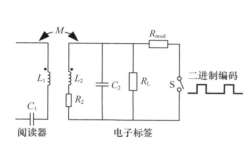

图 5-11　电阻负载调制的原理图

图 5-12　电阻负载调制的波形变化过程

2. 电容负载调制

在电子标签振荡回路中,有负载电阻 R_L 和并联电容 C_2 两个参数能够被数据载体改变。因此,调制方式也有两种,前面介绍了电阻负载调制,接下来介绍电容负载调制。

电容负载调制的原理如图 5-13 所示,图中负载 R_L 并联一个负载调制电容 C_{mod}。与电阻负载调制类似,该电容的接通或断开是通过开关 S 按照通信数据流的二进制编码来控制的。与电阻负载调制不同的是:R_{mod} 的接入不影响电子标签的谐振频率,此时阅读器和电子标签都工作在谐振状态;而 C_{mod} 的接入将使电子标签线圈回路和阅读器线圈回路失谐,开关 S 的通断可使电子标签的谐振频率在两个频率间切换。

电容负载调制的数据传输过程波形变化与电阻负载调制的数据传输过程波形变化相似。不同的是在电容负载调制时,阅读器线圈上的电压不仅会发生振幅变化,还会发生相位变化。

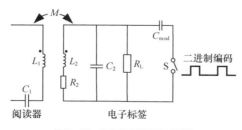

图 5-13　电容负载调制的原理图

5.4 本章小结

RFID 系统的射频前端电路在频率低于 135 kHz 和频率为 13.56 MHz 时采用电感耦合方式实现能量和信息的传递，该方式要求阅读器和电子标签的作用距离较近，这样才能得到较好的效果。

RFID 阅读器的射频前端采用串联谐振电路，当电路谐振时阅读器电感线圈上可以获得最大电流，进而才可最大程度地输出阅读器的能量。串联谐振电路由电阻 R、电感 L 和电容 C 串联而成。谐振频率 $\omega_0 = \dfrac{1}{\sqrt{LC}}$，品质因数 $Q = \dfrac{\omega_0 L}{R} = \dfrac{1}{\omega_0 CR}$，通频带 $BW = \dfrac{\omega_0}{2\pi Q}$，品质因数越大，通频带越小。

RFID 电子标签的射频前端采用并联谐振电路，当电路谐振时电子标签电感线圈上能更好地耦合阅读器上的能量以获得最大电压。并联谐振电路由电阻 R、电感 L 和电容 C 并联而成。谐振频率 $\omega_0 = \dfrac{1}{\sqrt{LC}}$，品质因数 $Q = \dfrac{R}{\omega_0 L} = \omega_0 CR$，通频带 $BW = \dfrac{\omega_0}{2\pi Q}$，品质因数越大，通频带越小。

阅读器通过电感耦合的方式给电子标签提供能量,当电子标签进入阅读器产生的交变磁场时,电子标签的电感线圈就会产生感应电压。该感应电压还需要通过整流、滤波和稳压才能给电子标签芯片供电。电子标签经常采用负载调制的方式向阅读器传输数据,电子标签的负载调制技术主要有电阻负载调制和电容负载调制。

5.5 思考与练习

1. RFID 阅读器的射频前端通常采用何种谐振电路？说明原因。

2. 某 RFID 系统的阅读器射频前端采用串联谐振电路，工作频率为 13.56 MHz，线圈的电感为 2 μH，求串联电容 C。

3. 某 RFID 系统的阅读器射频前端采用串联谐振电路，工作频率为 13.56 MHz，线圈的电感为 2 μH，品质因素为 20，求串联电容 C 和电阻 R。

4. 通频带 BW 与品质因数 Q 有什么关系？

5. RFID 电子标签的射频前端通常采用何种谐振电路？说明原因。

6. 某 RFID 系统的电子标签射频前端采用并联谐振电路，工作频率为 13.56 MHz，线圈的电感为 2.5 μH，求串联电容 C。

7. 某 RFID 系统的电子标签射频前端采用并联谐振电路，工作频率为 13.56 MHz，线圈的电感为 2.5 μH，品质因素为 20，求串联电容 C 和电阻 R。

8. 阅读器与电子标签上的线圈互感与两者之间的距离有什么关系？在电感耦合方式中，阅读器和电子标签是越靠近越好，还是离得越远越好？

9. 画出电子标签的交变电压转换为直流电压的基本框图，并说明转换过程。

10. 电子标签向阅读器进行数据传送的负载调制有哪几种方式？试说明它们的工作原理。

RFID 编码与调制

06 chapter

本章导读

编码和调制是 RFID 系统信息交互的关键技术。

本章在简要介绍数字通信原理后，讲解了信号的编码与调制技术，重点介绍了 RFID 的信源和信道编码方法，最后介绍了 RFID 系统中常见的一些调制方法。

教学目标

- 了解数据、信号、信道的基本概念。
- 掌握信号的编码和调制原理。
- 掌握 RFID 系统中常用的编码方法。
- 掌握 RFID 系统中常用的调制方法。

6.1.1　数字通信模型

　　数字信号通常是指二进制编码信号，信号波形有两个幅值，即 0 和 1，如图 6-1 所示。数字通信就是将信源信息转换成二进制形式进行传输，其通信模型如图 6-2 所示。

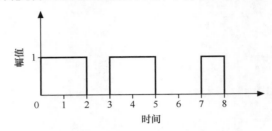

图 6-1　数字信号波形

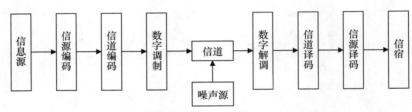

图 6-2　数字通信模型

　　信源是被传输的信息，可以是声音、影像等模拟信号，也可以是数字信号。信源编码是将模拟信号转换成数字信号（A/D 转换），如果信源已是数字信号，则该过程可以省去。

　　信道编码是将已经形成的二进制编码再次编码，在不同的应用中会采用不同的编码形式。进行信道编码的原因如下。

　　（1）数字信号是由 0 和 1 构成的，在一些特殊情况下，形成的编码序列可能是连续的 0 或连续的 1，这两种情况会使信号的直流分量增大，不利于信号的正确传输。

　　（2）在信号的传输过程中，噪声的影响会使信号产生差错。通过编码可附加监督码元，在接收端通过附加的监督码元可检查信号是否有差错，并进行纠错。

　　信道是指信号传输的通道。信道分为有线信道和无线信道，前者借助于电缆、光纤（光缆）等介质，后者借助于无线电波。在近距离借助于明线或者电缆介质的情况下，可以直接传输数字信号；大多数场合的信道介质（光纤、无线电）都采用高频频段，因此需要将数字信号加载到适合传输的频带上，即调制。

　　接收端与发送端相反，首先将调制的载频信号解调，然后经信道解码、信源解码还原出信源信号，即信宿。若信源已经是数字信号，则在接收端可省去信源解码。

6.1.2　数字通信的特点和主要性能指标

1. 数字通信的特点

数字通信的主要特点体现在以下 4 个方面。

（1）在传输过程中可实现无噪声积累

数字信号的幅值通常是 0 或 1，如果在传输过程中受到噪声干扰，则只要在适当的距离内信号没有恶化到一定程度，就可以采用再生的方法恢复原信号继续传输。由于无噪声积累，因此可以实现长距离高质量的数据传输。模拟信号不能消除噪声积累。

（2）便于加密处理

在信息传输过程中，信息可通过信道辐射出去，这会造成不安全性，因此，须采取加密措施。数字信号比较容易通过数字逻辑运算的方式进行加密或解密（有多种加密算法），图 6-3 所示是带有加密措施的数字通信模型，加密措施可以放在信源编码后面。

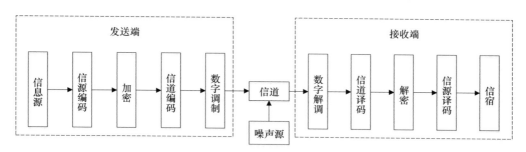

图 6-3 带加密的数字通信模型

（3）便于设备的集成和微型化

在通信设备中有一些较大的模块，如滤波器等，如果采用大规模或超大规模集成电路，则构成的数字滤波器体积将大大减小，这不仅容易实现设备的集成化和微型化，还可以降低功耗。

（4）占用的信道频带宽

如果一路数字电话的数码率是 64 kbit/s，则其频带是 64 kHz；但是一路模拟电话的频带却只有 4 kHz，两者相差 16 倍。随着微波、光缆信道的广泛应用，信道的频带将会变得非常宽，再加上数据压缩技术水平的提高，数字通信占用频带宽的矛盾将被大大缓解。

2. 数字通信的主要性能指标

在不同的应用系统中，数字通信的性能指标各异，但基本包括以下 3 个方面。

（1）数据传输速率

数据传输速率是指信道中每秒通过的数据位，单位是比特/秒（bit/s）。数据传输速率代表了数据传输的效率，是数据通信的主要指标之一。

（2）信道频带宽度

通信系统的信道频带越宽，传输信息的能力越大。在理想情况下，传输数字信号所要求的带宽是传输速率的一半。例如，传输速率为 1 kbit/s，则信道的带宽为 0.5 kHz。为了更好地利用频带资源，通常在同样带宽下应有更高的传输速率，即须提高频带利用率。频带利用率可以表示为

$$\eta = \frac{\text{数据传输速率}}{\text{频带宽度}} \tag{6-1}$$

（3）误码率

误码率是数字通信的可靠性指标。数字通信误码率是发生误码的码元与传输的总码元之比，表示为

$$P_e = \frac{误码码元个数}{传输总码元数} \times 100\% \qquad (6\text{-}2)$$

6.1.3　RFID 通信方式

RFID 通信是指阅读器和电子标签之间的信息传输，传输的是无线电信号，其主要特点是通信距离很短。对于非接触 IC 卡，无线通信载频较低（13.56 MHz），阅读器读出非接触 IC 卡或非接触 IC 卡读到阅读器的通信模型可参照图 6-2。对电子标签而言，无线通信载频在 UHF 频段（860～960 MHz），阅读器到电子标签的通信模型也可参照图 6-2。但电子标签到阅读器的信息传送方式是对入射波进行反射调制，即利用电子标签要传送的数字信息改变标签天线的反射能量，阅读器对反射信息进行解读，以提取电子标签传送的信息。

电子标签向阅读器传输数据的方式如图 6-4 所示。阅读器通过其天线向电子标签发射载波能量 P，电子标签天线接收到载波能量后，部分能量会变成电子标签的电能，另一部分能量会向外反发射。电子标签用 110010 脉冲序列（示例）控制其天线的开关 K，进而改变其反射能量 P_r。阅读器接收并解读 P_r，提取脉冲序列 110010，即可完成数据反向传输。

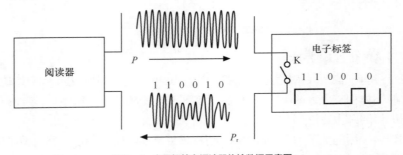

图 6-4　电子标签向阅读器传输数据示意图

6.2　信号的编码与调制

6.2.1　信号与信道

阅读器与电子标签之间进行消息传递之前，可以把消息寄托在电信号的某一个参量上，如寄托在信号连续波的幅度、频率或相位上。原始的电信号通常称为基带信号，有些信道可以直接传输基带信号，但以自由空间作为信道的无线电传输方式无法直接传递基带信号。将基带信号编码，然后变换成适合在信道中传输的信号，这个过程称为编码与调制；在接收端首先进行反变换，然后进行解码，这个过程称为解调与解码。经过调制以后的信号称为已调信号，它具有两个基本特征：一个是携带基带信息，另一个是适合在信道中传输。

图 6-5 给出了 RFID 系统的通信模型。在这个模型中，信道由自由空间、阅读器天线、阅读器射频前端、电子标签天线和电子标签射频前端构成。本小节在讨论这个模型中的编码与调制的过程中，会主要介绍 RFID 系统编码与调制的基本特性，并给出编码与调制的常用方法。这个模型是一个开放的无线系统，外界的各种干扰易使信号传输产生错误，同时数据也容易被外界窃取，因此需要数据校验和保密措施，以保持信号的完整性与安全性。

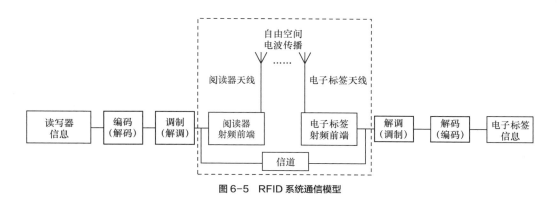

图 6-5 RFID 系统通信模型

信号是消息的载体，在通信系统中，消息以信号的形式从一点传送到另一点。信道是信号的传输媒质，信道的作用是把携有信息的信号从它的输入端传递到输出端。在 RFID 系统中，阅读器与电子标签之间交换的是信息，由于采用非接触的通信方式，因此阅读器与电子标签之间构成了一个无线通信系统，其中阅读器是通信的一方，电子标签是通信的另一方。

1. 信号

信号分为模拟信号和数字信号，RFID 系统主要处理的是数字信号。信号可以从时域和频域两个角度来分析，在 RFID 传输技术中，对信号频域的研究比对信号时域的研究更重要。阅读器与电子标签之间传输的信号有其自身的特点，研究者通常需要讨论信号的工作方式和通信握手等问题。

（1）模拟信号和数字信号

模拟信号是指用连续变化的物理量表示的信息，其信号的幅度、频率或相位随时间连续变化。模拟数据一般采用模拟信号，如无线电与电视广播中的电磁波是连续变化的电磁波，电话传输中的音频电压是连续变化的电压，它们都是模拟信号。

数字信号是指幅度的取值是离散的，幅值被限制在有限个数值之内。二进制码就是一种数字信号，如一系列断续变化的电压脉冲可以用二进制码表示，其中恒定的正电压表示二进制数 1，恒定的负电压表示二进制数 0。

数字信号较模拟信号有许多优点。RFID 系统常采用数字信号，主要特点如下。

① 信号的完整性

RFID 系统采用非接触技术传递信息，传递过程容易被干扰，进而易使信息传输发生改变。数字信号容易校验，且易防碰撞，可使信号保持完整性。

② 信号的安全性

RFID 系统采用无线方式传递信息，开放的无线系统存在安全隐患，信息传输的安全性和保密性变得越来越重要。数字信号的加密处理比模拟信号容易得多，数字信号可以用简单的数字逻辑运算进行加密和解密处理。

③ 便于存储、处理和交换

数字信号的形式与计算机所用的信号一致，都是二进制码，因此便于与计算机联网，也便于用计算机对数字信号进行存储、处理和交换，可实现管理和维护的自动化、智能化。

④ 设备便于集成化、微型化

数字通信设备中大部分电路是数字电路，可用大规模和超大规模集成电路实现，设备体积小、功耗低。

⑤ 便于构成物联网

采用数字传输方式，可以实现传输和交换的合并，实现业务数字化，实现 RFID 系统与互联网结合以构成物联网。

（2）时域和频域

时域的自变量是时间，时域表达信号随时间的变化。在时域中，通常会对信号的波形进行观察，画出的波形图的横轴是时间，纵轴是信号幅值。

频域的自变量是频率，频域表达信号随频率的变化。对信号进行时域分析时，即使一些信号的时域参数相同，也不能说明这些信号就完全相同，因为信号不仅随时间变化，而且与频率、相位等信息有关，所以需要进一步分析信号的频率结构，并在频率域中对信号进行描述。

在 RFID 传输技术中，对信号频域的研究比对信号时域的研究更重要。对信号频域进行研究时，需要讨论信号的频率和带宽等参数。

（3）通信握手

通信握手是指阅读器与电子标签双方在通信开始、结束和通信过程中的基本沟通，通信握手要解决通信双方的优先通信、数据同步和信息确认等问题。

① 优先通信

RFID 系统由通信协议确定谁优先通信，是阅读器还是电子标签。对于无源和半有源系统，都是阅读器先发信号；对于有源系统，双方都有可能先发信号。

② 数据同步

阅读器与电子标签在通信之前，要协调双方的位速率，以保持数据同步。阅读器与电子标签的通信是空间通信，数据传输采用串行方式进行。

③ 信息确认

信息确认是指确认阅读器与电了标签之间信息的正确性，如果信息不正确，将请求重发。在 RFID 系统中，通信双方经常处于高速运动状态，重发请求加重了时间开销，而时间是制约速度的最主要因素，因此 RFID 系统的通信协议通常采用自动连续重发，接收方比较数据后会去掉错误数据，保留正确数据。

2. 信道

信道可以分为两大类：一类是电磁波在空间传播的渠道，如短波信道、微波信道等；另一类是电磁波的导引传播信道，如电缆信道、波导信道等。RFID 的信道是具有各种传播特性的自由空间，所以 RFID 采用无线信道。

（1）信道带宽

信号所拥有的频率范围叫作信号的频带宽度，简称带宽。模拟信道的带宽为

$$BW = f_2 - f_1 \tag{6-3}$$

其中，f_1 是信号在信道中能够通过的最低频率，f_2 是信号在信道中能够通过的最高频率，两者都是由信道的物理特性决定的。当信道的组成确定后，信道的带宽就决定了。

（2）信道传输速率

信道传输速率 R_b 是指数据在传输介质（信道）上的传输速率。数据传输速率是描述数据传输系统的重要技术指标之一，数据传输速率在数值上等于每秒传输的二进制比特数，数据传输速率的单位为比特/秒（bit/s）。

① 波特率

波特率 R_B 是指数据信号对载波的调制速率，用单位时间内载波调制状态改变的次数来表示。在信息传输通道中，携带数据信息的信号单元叫作码元，每秒通过信道传输的码元数称为码元传输速率，简称波特率，单位为波特（Baud 或 B）。

② 比特率

每秒通过信道传输的信息被称为位传输速率，简称比特率。比特率即数据传输速率，表示单位时间内可传输二进制位的位数。

③ 波特率与比特率的关系

如果一个码元的状态数可以用 M 个离散电平的个数来表示，则有如下关系：

$$比特率 = 波特率 \times \log_2 M \qquad （6-4）$$

（3）信道容量

信道容量是信道的一个参数，反映信道所能传输的最大信息量。

① 具有理想低通矩形特性的信道

根据奈奎斯特准则，这种信道的最高码元传输速率为

$$最高码元传输速率 = 2BW \qquad （6-5）$$

即这种信道的最高数据传输速率为

$$C = 2BW \times \log_2 M \qquad （6-6）$$

C 称为具有理想低通矩形特性的信道容量。

② 带宽受限且有高斯白噪声干扰的信道

香农提出并严格证明了在被高斯白噪声干扰的信道中最大信息传送速率的公式。这种情况下的信道容量为

$$C = BW\log_2(1+S/N) \qquad （6-7）$$

其中，BW 的单位是 Hz，S 是信号功率（W），N 是噪声功率（W）。从式（6-7）可以看出，信道容量与信道带宽成正比，同时还取决于系统信噪比以及编码技术种类。香农定理指出，如果信息源的信息速率 R 小于或等于信道容量 C，那么在理论上存在一种方法可使信息源的输出能够以任意小的差错概率通过信道传输；如果 $R>C$，则没有任何办法传递这样的信息，或者说传递这样的二进制信息有差错率。

③ RFID 的信道容量

信道最重要的特征参数是信息传递能力，在典型的情况（即高斯信道）下，信道的信息通过能力与信道的通过频带宽度、信道的工作时间、信道中信号功率与噪声功率之比有关，频带越宽，工作时间越长，信号与噪声的功率比越大，则信道的通过能力越强。

a. 带宽越大，信道容量越大。因此，在物联网中 RFID 主要选用微波频率，微波频率比低频频率和高频频率有更大的带宽。

b. 信噪比越大，信道容量越大。RFID 无线信道有传输衰减和多径效应等问题，应尽量减小衰减和失真，提高信噪比。

6.2.2　编码与解码

数字通信系统是利用数字信号来传递信息的通信系统，其涉及的技术问题很多，其中主要

有信源编码与解码、加密与解密、信道编码与解码、数字调制与解调以及同步等。

编码是为了达到某种目的而对信号进行的一种变换。其逆变换称为解码或译码。根据编码的目的不同，编码理论有信源编码、信道编码和保密编码 3 个分支。编码理论在数字通信、计算技术、自动控制和人工智能等领域均有广泛的应用。

1. 信源编码与解码

信源编码是对信源输出的信号进行变换，包括连续信号的离散化以及对数据进行压缩以提高信号传输的有效性而进行的编码。信源解码是信源编码的逆过程。信源编码有以下两个主要功能。

（1）提高信息传输的有效性

通过某种数据压缩技术，设法减少码元数目和降低码元速率，可提高信息传输的有效性。码元速率决定传输所占的带宽，传输带宽可反映通信的有效性。

（2）完成模数转换

当信息源给出的是模拟信号时，信源编码器会将其转换为数字信号，以实现模拟信号的数字化传输。

2. 信道编码与解码

信道编码是对信源编码器输出的信号进行再变换，包括区分通路、适应信道条件和提高通信可靠性而进行的编码。信道解码是信道编码的逆过程。

信道编码的主要目的是前向纠错，以增强数字信号的抗干扰能力。数字信号在信道传输时受到噪声等影响会引起差错，为了减小差错，信道编码器在要传输的信息码元中按一定的规则加入了保护成分（监督元），组成抗干扰编码。接收端的信道解码器按相应的逆规则进行解码，从中发现错误或纠正错误，以提高通信系统的可靠性。

3. 加密编码与解码

加密编码是对信号进行再变换，即为了使信息在传输过程中不易被人窃听而进行的编码。在需要实现加密通信的场合，为了保证所传信息的安全，可人为将被传输的数字序列扰乱，即加上密码，这一处理过程称为加密编码。加密解码是加密编码的逆过程，加密解码在接收端利用与发送端相同的密码复制品对收到的数据进行解密，以恢复原来信息。

加密编码的目的是隐藏敏感信息，常采用替换、乱置或两者兼有的方法实现。一个密码体制通常包括加（解）密算法和可以更换控制算法的密钥两个基本部分。密码根据它的结构可分为序列密码和分组密码两类。序列密码是算法在密钥控制下产生随机序列，并使其逐位与明文混合而得到的密文，其主要优点是不存在误码扩散，但对同步有较高的要求，广泛应用于通信系统中。分组密码是算法在密钥控制下对明文按组加密而产生的密文，这样产生的密文位与相应的明文组和密钥中的位有相互依赖性，因而能引起误码扩散，多用于消息的确认和数字签名中。

6.2.3 调制与解调

调制的目的是把传输的模拟信号或数字信号，变换成适合信道传输的信号，这意味着要把信源的基带信号转变为一个相对基带频率而言非常高的带通信号。调制的过程用于通信系统的发送端，调制就是将基带信号的频谱搬移到信道通带中的过程，经过调制的信号称为已调信号。已调信号的频谱具有带通的形式，因此已调信号又称为带通信号或频带信号。在接收端须将已调信号还原成原始信号，解调是将信道中的频带信号恢复为基带信号的过程。

1. 信号需要调制的原因

为了有效地传输信息，无线通信系统需要采用高频率信号，这种需要主要由以下因素导致。

（1）工作频率越高，带宽越大

当工作频率为 1 GHz 时，若传输的相对带宽为 10%，则可以传输 100 MHz 带宽的信号；当工作频率为 1 MHz 时，若传输的相对带宽也为 10%，则只可以传输 0.1 MHz 带宽的信号。通过比较可以看出，较高的工作频率可以带来较大的频带带宽。

加大信号频带带宽，可以提高无线系统的抗干扰、抗衰落能力，还可以实现传输带宽与信噪比的互换。

加大信号频带带宽，可以将多个基带信号分别搬移到不同的载频处，以实现信道的多路复用，提高信道的利用率。

（2）工作频率越高，天线尺寸越小

无线通信需要采用天线来发射和接收信号，如果天线的尺寸与工作波长相比拟，则天线的辐射更为有效。由于工作频率与波长成反比，因此提高工作频率可以降低波长，进而可以减小天线的尺寸。工作频率的提高使需要的天线尺寸减小，满足了现代通信对天线尺寸小型化的要求。

2. 信号调制的方法

在无线通信中，调制是指载波调制。载波调制就是用调制信号控制载波参数的过程。未受调制的周期性振荡信号称为载波，可以是正弦波，也可以是其他波；调制信号是基带信号，可以是模拟的，也可以是数字的。载波调制后的信号称为已调信号，它含有调制信号的全部特征。

如果基带信号是数字信号，用数字基带信号去控制载波，则把数字基带信号变换为数字带通信号（已调信号）的这个过程就称为数字调制。一般来说，数字基带信号含有丰富的低频分量，因此需要对数字基带信号进行调制，以使信号与信道的特性相匹配。

调制在通信系统中发挥着十分重要的作用，通过调制不仅可以进行频谱搬移，把调制信号的频谱搬移到所希望的频率位置，从而将调制信号转换为适合传播的已调信号，而且它对系统传输的有效性和可靠性有很大的影响。调制方式往往决定了一个通信系统的性能。

高频载波是消息的载体信号，数字调制通过改变高频载波的幅度、相位或频率，使其随着基带信号的变化而变化。解调则是将基带信号从载波中提取出来，以便预定的接收者处理和理解的过程。数字调制的方法通常称为键控法，常用的数字调制方式有幅移键控（Amplitude Shift Keying，ASK）、频移键控（Frequency Shift Keying，FSK）和相移键控（Phase Shift Key，PSK）等。为简化射频标签设计并降低成本，多数 RFID 系统采用 ASK 调制方式。

6.3 RFID 信源编码方法

编码是 RFID 系统的一项重要工作，二进制编码用形式不同的代码来表示二进制的 1 和 0。对于传输数字信号来说，最常用的方法是用不同的电压电平表示两个二进制数字，即数字信号由矩形脉冲组成。根据数字编码方式，可以将编码划分为单极性码和双极性码。单极性码使用正（或负）的电压表示数据；双极性码 1 为反转，0 为保持零电平。根据信号是否归零，还可以将编码划分为归零码和非归零码，归零码码元中间的信号回归到 0 电平，而非归零码遇 1 则电平反转，遇 0 则不变。

RFID 常用的信源编码方式有反向不归零（Non-Return to Zero，NRZ）编码、曼彻斯特（Manchester）编码、单极性归零（Unipolar RZ）编码、差动双相（Differential Binary Phase，DBP）编码、密勒（Miller）编码、修正密勒编码和差分编码。RFID 编码的选择需要考虑适应传输信道的频带宽度，利于时钟的提取，具有误码检测能力，码型变换易于实现等要素。

6.3.1 编码格式

1. 反向不归零编码

反向不归零编码是一种简单的数字基带编码方式，反向不归零编码用高电平表示二进制的1，用低电平表示二进制的 0。反向不归零编码如图 6-6 所示。

图 6-6　NRZ 编码

图 6-6 所示的波形码元之间无空隙间隔，在全部码元时间内传送，所以被称为反向不归零编码。这种编码仅适合近距离传输信息，这是因为该编码有以下特点。

（1）反向不归零编码是单极性码，故含有较多直流成分。一般信道很难传输零频率附近的分量，所以该编码方式不适宜传输信息，且要求传输线有一根接地。

（2）接收端判决门限与信号功率有关，不方便使用。

（3）不包含位同步成分，不能直接用于提取位同步信号。

2. 曼彻斯特编码

曼彻斯特编码也称为分相编码（Split-Phase Coding）。在曼彻斯特编码中，用电压跳变的不同相位来区分 1 和 0，其中从高到低跳变表示 1，从低到高跳变表示 0。曼彻斯特编码如图 6-7 所示。

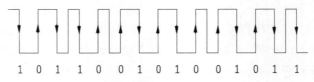

图 6-7　曼彻斯特编码

曼彻斯特编码的特点如下。

（1）曼彻斯特编码由于跳变都发生在每个码元的中间，接收端可以方便地利用它作为位同步时钟，因此这种编码也称为自同步编码。

（2）曼彻斯特编码在采用副载波的负载调制或反向散射调制时，通常用于从电子标签到阅读器的数据传输，因为这有利于发现数据传输的错误。

（3）曼彻斯特编码是一种归零编码。

3. 单极性归零编码

对于单极性归零编码，当发 1 码时会发出正电流，但正电流持续的时间短于一个码元宽度，即发出一个窄脉冲；当发 0 码时，完全不发出电流。单极性归零编码如图 6-8 所示。

图 6-8　单极性归零编码

4. 差动双相编码

差动双相编码在半个位周期中的任意边沿表示二进制 0，而没有边沿跳变则表示二进制 1。此外，在每个位周期开始时，电平都要反相。差动双相编码对接收器来说较容易重建。差动双相编码如图 6-9 所示。

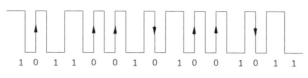

图 6-9　差动双相编码

5. 密勒编码

密勒编码在消息代码中的 1 用 10 或 01 表示。消息代码中的 0 分两种情况：单个 "0" 在码元持续时间内不出现电平跳变，且在相邻码元的边界处也不跳变；连续（两个）"0" 会在 "0" 码的边界处出现电平跳变，即 "00" 与 "11" 交替。密勒编码如图 6-10 所示。

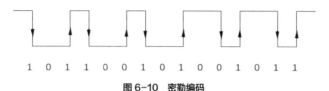

图 6-10　密勒编码

6. 修正密勒编码

相对于密勒编码来说，修正密勒编码将其每个边沿都用负脉冲代替。由于负脉冲的时间较短，因此可以保证数据在传输过程中能够从高频场中持续为电子标签提供能量。修正密勒编码在电感耦合的 RFID 系统中，主要用于从阅读器到电子标签的数据传输。修正密勒编码如图 6-11 所示。

图 6-11　修正密勒编码

7. 差分编码

对于差分编码，每个要传输的二进制 1 都会引起信号电平的变化，而对于二进制 0，信号电平会保持不变。差分编码如图 6-12 所示。

图 6-12　差分编码

6.3.2　编码方式的选择

在一个 RFID 系统中，编码方式的选择要考虑电子标签能量的来源、检错的能力、时钟的提取等多方面因素，前面介绍的每一种编码方式都有各自的优点，在实际应用中要综合考虑。

1. 编码方式的选择要考虑电子标签能量的来源

在 RFID 系统中，由于使用的电子标签通常是无源的，无源电子标签需要在与阅读器的通信过程中获得自身的能量供应。为了保证系统的正常工作，信道编码方式首先必须保证不能中断阅读器对电子标签的能量供应。

在 RFID 系统中，当电子标签是无源标签时，经常要求基带编码在每两个相邻数据位元之间具有跳变的特点，这种相邻数据间有跳变的码，不仅可以保证在连续出现 0 的时候对电子标签能量的供应，而且便于电子标签从接收到的码中提取时钟信息。也就是说，如果要求编码方式保证电子标签能量供应不中断，必须选择码型变化丰富的编码方式。

2. 编码方式的选择要考虑电子标签检错的能力

为保障系统工作的可靠性，必须在编码中提供数据一级的校验保护，编码方式应该提供这一功能，并可以根据码型的变化来判断是否发生误码或发生电子标签冲突。

在实际的数据传输中，由于信道中干扰的存在，数据必然会在传输过程中发生错误，这时就要求信道编码能够提供一定程度的检测错误的能力。

在多个电子标签同时存在的环境中，阅读器须逐一读取电子标签的信息，且应该从接收到的码流中检测出是否有冲突，并采用某种算法来实现多个电子标签信息的读取，这就需要选择检测错误能力较高的编码。在上述编码中，曼彻斯特编码、差动双向编码和单极性归零编码具有较强的编码检错能力。

3. 编码方式的选择要考虑电子标签时钟的提取

在电子标签芯片中，一般不会有时钟电路，电子标签芯片一般需要在阅读器发来的码流中提取时钟，阅读器发出的编码方式应该能够方便电子标签提取时钟信息。在上述编码中，曼彻斯特编码、密勒编码和差动双向编码容易使电子标签提取时钟。

6.3.3　编码方式的仿真

计算机仿真相对于物理实体实验而言具有实现简单、参数修改方便等特点，而且可以完成许多物理实体实验不能完成的工作。MATLAB 软件中的 Simulink 软件，是一个功能强大而且非常易用的动态系统仿真软件，利用该软件可以完成 RFID 编码方式的仿真。

1. MATLAB/Simulink 软件

MATLAB、Mathematica 和 Maple 并称为三大数学软件，其中 MATLAB 是矩阵实验室（Matrix Laboratory）的简称，是美国 Mathworks 公司出品的商业数学软件。MATLAB 软件可以进行矩阵运算、函数绘制、算法实现、与其他编程语言连接和用户界面创建等，主要应用于工程计算、控制设计、信号处理以及多个行业建模设计与分析等方面，可实现算法开发、数据可视化、数据分析和数值计算等多种功能。

Simulink 是 MATLAB 最重要的组件之一，它提供了一个动态系统建模、仿真和综合分析的集成环境，在该环境中，无须编写复杂的程序代码，只需要通过简单直观的鼠标操作，就可以构造出复杂的系统。Simulink 提供了交互式图形化环境和可定制模块库，可实现设计、仿真、执行和测试等功能，具有适应面广、结构和流程清晰、仿真精细、贴近实际、效率高和灵活等优点。Simulink 已被广泛应用于线性系统、非线性系统、数字控制及数字信号处理的建模与仿真中，同时有大量的第三方软件和硬件可应用于或被要求应用于 Simulink。

2. Simulink 使用简介

MATLAB 是开放式的，也就是说，它支持别人给它写工具包，而 Simulink 就是 MATLAB 这个软件的工具包之一。Simulink 是 MATLAB 中的一种可视化仿真工具，是一种基于 MATLAB 框图的设计环境，是实现动态系统建模、仿真和分析的一个软件。

仿真就是用程序去模仿真的事情。如"用欧姆表测电阻"这个实验，就是用欧姆表、电阻和连线等，按照电路图将电路连接起来，然后打开开关进行测量。在 Simulink 中，就有虚拟的欧姆表、电阻和连线，只要新建一个文件（相当于一个"板"），然后把需要的欧姆表、电阻和连线等复制到新建的文件中，Simulink 就会自动模仿真的情形开始仿真。当然，Simulink 的目的不是用于解决上面这个小问题的，它里面有很多虚拟元器件，一些大型工程为了节省成本会直接用 Simulink 仿真来模拟做实验。Simulink 是一个虚拟的实验室，里面有丰富的工具，只要按照软件的操作要求去连接工具，就能做仿真实验。Simulink 功能很强大，美国宇航局也有很多大型项目用 Simulink 进行仿真。

利用 Simulink 软件提供的功能，可以仿真 RFID 中的各种编码，如曼彻斯特编码。在仿真结束后，还可以打开软件中的示波器查看编码波形。利用 Simulink 库中的资源，可以封装 RFID 通信系统中常见的信道编码模块。可以基于这些封装的编码模块，仿真信道编码的抗干扰能力，即仿真 RFID 编码的检错能力。

6.4 RFID 信道编码

6.4.1 信道编码的相关概念

信道编码的目的是改善通信系统的传输质量，对于不同类型的信道要设计不同类型的信道编码，这样才能收到良好的效果。从构造方法来看，所谓信道编码，其基本思路是根据一定的规律在待发送的信息码元中加入一些多余的码元，以保证传输过程的可靠性。信道编码的任务是构造出以最小冗余度代价换取最大抗干扰性能的"好码"。

信道编码的实质是在信息码中增加一定数量的多余码元（也称为监督码元），使它们满足一定的约束关系，这样，信息码元和监督码元就可以共同组成一个由信道传输的码字。一旦传输过程中发生错误，信息码元和监督码元间的约束关系就会被破坏。在接收端可按照既定的规则校验这种约束关系，从而达到发现和纠正错误的目的。

信息通过信道传输，由于物理介质的干扰和无法避免噪声，信道的输入和输出之间仅具有统计意义上的关系，在做出唯一判决的情况下将无法避免差错，其差错率完全取决于信道特性。因此，一个完整的、实用的通信系统通常包括信道编/译码模块。视频信号在传输前都会经过高度压缩以降低码率，传输错误会对最后的图像恢复产生极大的影响，因此信道编码尤为重要。

信道编码的作用介绍如下。

（1）使码流的频谱特性适应通道的频谱特性，从而使传输过程中的能量损失最小，提高信号能量与噪声能量的比例，减小发生差错的可能性；

（2）增加纠错能力，并纠正出现的差错。

6.4.2 常用的信道编码

按照信道特性和设计的码字类型，信道编码可分为纠独立随机差错码、纠突发差错码和纠混合差错码。

按照码组的功能，信道编码可分为检错码和纠错码。

按照每个码的取值，信道编码可分为二元码和多元码，也称为二进制码和多进制码。目前，传输系统或存储系统大多采用二进制的数字系统，所以一般提到的纠错码都是指二元码。

按照对信息码元处理方法的不同，信道编码可分为分组码和卷积码。

按照监督码元与信息码元之间的关系，信道编码可分为线性码和非线性码。线性码是指监督码元与信息码元之间的关系是线性关系，否则，称为非线性码。

按照循环特性，信道编码可分为循环码和非循环码。循环码的特点是：若将其全部码字分为若干组，则每组中任一码字的码元循环移位后仍是这组的码字。非循环码是一个任意码字中码元循环移位后不一定再是这组中的码字。

按照信息码元在编码后是否保持原来的形式，信道编码可分为系统码和非系统码。系统码的信息码元在编码后保持不变,非系统码的信息码元在编码后发生变化。非系统码很少被应用，而系统码则具有广泛的应用。

1. 线性分组码

线性分组码是差错控制码，由于认识此种码的思路与概念直观且有条理，并对编码中的一些重要参数和纠错能力提供了一系列明确的概念，因此其为介绍其他差控码奠定了有力基础。

分组码是一组固定长度的码组，可表示为（n，k），它通常用于前向纠错。在分组码中，监督位被加到信息位之后，形成新的码。在编码时，k 个信息位被编为 n 位码组长度，而 n-k 个监督位的作用是实现检错与纠错。当分组码的信息码元与监督码元之间的关系为线性关系时，这种分组码就称为线性分组码。

对于长度为 n 的二进制线性分组码，它有 2^n 种可能的码组，从 2^n 种码组中可以选择 $M=k$ 个码组（$k<n$）组成一种码。这样，一个 k 比特信息的线性分组码就可以映射到一个长度为 n 的码组上，该码组是从 $M=k$ 个码组构成的码集中选出来的。剩下的码组可以对这个分组码进行检错或纠错。

线性分组码是建立在代数群论基础之上的，各个许用码的集合构成了代数学中的群，它们的主要性质如下。

（1）任意两个许用码之和（对于二进制码，这个和的含义是模二和）仍为一个许用码，也就是说，线性分组码具有封闭性。

（2）码组间的最小码距等于非零码的最小码重。

2. 循环冗余校验

循环冗余校验（Cyclic Redundancy Check，CRC）是一种根据网络数据包或电脑文件等数据产生简短固定位数校验码的一种散列函数,主要用于检测或校验数据传输或保存后可能出现的错误。生成的数字会在传输或者存储之前计算出来并且附加到数据后面，然后接收方进行检验以确定数据是否发生变化。一般来说，循环冗余校验的值都是 32 位的整数。由于本函数易于用二进制的计算机硬件使用、容易进行数学分析并且善于检测传输通道干扰引起的错误，因此获得了广泛应用。此方法是由皮特森（Peterson）于 1961 年发表的。

CRC 为校验和的一种方法，即两个字节数据流采用二进制除法（没有进位，使用 XOR 来代替减法）相除获得余数。其中被除数是需要计算校验和的信息数据流的二进制表示；除数是一个长度为 $n+1$ 的预定义（短）的二进制数，通常用多项式的系数来表示。在做除法之前，要在信息数据之后加上 n 个 0。

CRC 是基于有限域除以 2 的同余的多项式环。简单来说，就是所有系数都为 0 或 1（又叫作二进制）的多项式系数的集合，并且集合对于所有的代数操作都是封闭的。例如

$$(x^3+x)+(x+1)=x^3+2x+1=x^3+1 \tag{6-8}$$

2 会变成 0，因为对系数的加法运算都会再取 2 的模数。乘法也是类似的，例如

$$(x^2+x)(x+1)=x^3+2x^2+x=x^3+x \tag{6-9}$$

同样，可以对多项式做除法并且得到商和余数。例如，用 $x^3 + x^2 + x$ 除以 $x + 1$。得到

$$(x^3+x^2+x)/(x+1)=(x^2+1)-1/(x+1) \tag{6-10}$$

也就是说

$$(x^3+x^2+x)=(x^2+1)(x+1)-1 \tag{6-11}$$

等价于

$$(x^3+x^2+x)\,x=(x^2+1)(x+1)-1 \tag{6-12}$$

这里通过除法得到了商 x^2+1，余数为 -1。因为是奇数，所以最后一位是 1。

字符串中的每一位对应上述类型的多项式的系数。为了得到 CRC，首先须将其乘以 x^n，这里 n 是一个固定多项式的阶数，然后须将其除以这个固定的多项式，余数的系数就是 CRC。

在上面的等式中，x^2+x+1 表示本来的信息位是 111，$x+1$ 是所谓的钥匙，而余数 1（也就是 x^0）就是 CRC。钥匙的最高次为 1，所以可将原来的信息乘以 x 以得到 x^3+x^2+x，也可视原来的信息位补 1 个零后成为 1110。

一般来说，其形式为

$$M(x) \cdot x^n=Q(x) \cdot K(x)-R(x)$$

其中，$M(x)$是原始的信息多项式。$K(x)$是 n 阶的"钥匙"多项式。$M(x) \cdot x^n$ 表示在原始信息后面加上 n 个 0。$R(x)$是余数多项式，即 CRC "校验和"。在通信中，发送者在原始的信息数据 M 后附加 n 位的 R（替换本来附加的 0）再发送。接收者收到 M 和 R 后，检查 $M(x) \cdot x^n + R(x)$ 是否能被 $K(x)$整除。如果是，则接收者认为该信息是正确的。否则，检验错误，数据被丢弃。

3. 卷积码

分组码和卷积码的主要差别在于卷积码编码器有记忆，且在任意给定的时段，编码器的 n 个输出不仅与此时段的 k 个输入有关，而且也与前 m 个输入有关。因此，卷积码一般可采用（n，k，m）码来表示，其中，k 为输入码元数，n 为输出码元数，而 m 则为编码器的存储器数。

卷积码非常适用于纠正随机错误。而解码算法具有以下特性：由于在解码过程中解码器可能会导致突发性错误，因此在卷积码的上部一般采用里所（Reed-Solomon，RS）码，RS 码适用于检测和校正由解码器产生的突发性错误。所以卷积码和 RS 码结合在一起可以起到相互补偿的作用。

卷积码分为以下两种。

（1）基本卷积码：基本卷积码的编码效率 $\eta = 1/2$，编码效率较低，但是纠错能力强。

（2）收缩卷积码：如果传输信道质量较好，为提高编码效率，可以采样收缩卷积码。现有 $\eta = 1/2$、2/3、3/4、5/6、7/8 这几种编码效率的收缩卷积码。编码效率越高，一定带宽内可传输的有效比特率越大，但纠错能力会越弱。

4．Turbo 码

Turbo 码是由两个或两个以上的简单分量编码器通过交织器并行级联在一起而构成的。信息序列首先送入第一个编码器，交织后再送入第二个编码器。输出码字由 3 部分组成：信息序列、第一个编码器产生的监督序列和第二个编码器对交织后的信息序列产生的监督序列。Turbo 码采用迭代译码，每次迭代采用的是软输入和软输出。

Turbo 码的主要特点之一是在两个编码器之间采用了交织器，交织器在信息序列进入第二个编码器之前对它进行置换，这样可以保证第一个编码器产生小重量监督序列的输入序列，并以很大的概率使第二个编码器产生大重量的监督序列。这样，即使分量码是较弱的码，产生的 Turbo 码也可能具有很好的性能，这就是所谓的 Turbo 码的"交织增益"。

Turbo 码的分量码主要采用递归系统卷积（Recursive Systematic Convolutional，RSC）码，递归系统卷积编码器就是带有反馈的系统卷积编码器，是一个 16 状态的 RSC（37，21）编码器。

对于 Turbo 码来说，它的另一个主要特点是在译码时采用了迭代译码的思想，迭代译码的复杂性仅随数据帧大小的增加而呈线性增长。相对于译码复杂性随码字长度增加而呈指数增长，迭代译码具有更强的可实现性。Turbo 码的性能同传统的 RS 外码和卷积内码的级联一样好。所以 Turbo 码是一种先进的信道编码技术，由于其不需要进行两次编码，所以其编码效率比传统的 RS+卷积码要好。

6.5 RFID 系统调制方法

按照从阅读器到电子标签的传输方向，阅读器中发送的信号首先需要编码，然后通过调制器调制，最后传送到传输信道上去。基带数字信号往往具有丰富的低频分量，必须用数字基带信号对载波进行调制，而不是直接传送基带信号，以使信号与信道的特性相匹配。用数字基带信号控制载波，把数字基带信号变换为数字已调信号的过程称为数字调制。RFID 主要采用数字调制的方式。

数字调制与模拟调制的基本原理相同，但数字信号有离散取值的特点，数字调制技术利用数字信号的这一特点，通过开关键控载波，从而实现了数字调制，这种方法通常称为键控法。其通过对载波的振幅、频率或相移进行键控，使高频载波的振幅、频率或相位与调制的基带信号相关，从而获得振幅键控、频移键控和相移键控 3 种基本的数字调制方式。

数字信息有二进制与多进制之分，数字调制也分为二进制调制与多进制调制。在二进制调制中，调制信号只有两种可能的取值；在多进制调制中，调制信号可能有 M 种取值。M 大于 2，其中包括多进制相移键控等，如正交相移键控（Quadrature Phase Shift Keying，QPSK）。

为了提高调制的性能，人们又对数字调制体系不断加以改进，提出了多种新的调制解调体系，其中包括振幅和相移联合键控等，出现了一些特殊的、改进的和现代的调制方式，如正交振幅调制、最小频移键控和正交频分复用等。

在信号传输的过程，并不是将信号直接进行传输，而是将信号与一个固定频率的波进行相互作用，这个过程称为加载，这样一个固定频率的波称为载波。

为什么用载波？举例说明：将人（指信号源）从一个地方送到另外一个地方，走路需要很长时间，而且人会很累（指信号衰减）；如果坐车（指载波），则需要时间较短，人也会很舒服（指信号不失真）；至于坐什么交通工具（指选择调制方法），要根据不同人的具体情况来判断（指信号的特点和用途）。

载波指被调制以传输信号的波，载波一般为正弦振荡信号，正弦振荡的载波信号可以表示为

$$v(t) = A\cos(\omega_c t + \varphi) \qquad (6\text{-}13)$$

式中，ω_c 为载波的角频率，A 为载波的振幅，φ 为载波的相位。从式（6-13）可以看出，在没有加载信号时，载波为高频正弦波，这个高频信号的波幅是固定的，频率是固定的，初相是固定的。

角频率、频率、波长和速度之间有以下关系：

$$\omega_c = 2\pi f_c \qquad (6\text{-}14)$$

$$\lambda = \frac{c}{f_c} \qquad (6\text{-}15)$$

式中，f_c 为载波的频率，λ 为载波的波长，c 为自由空间电磁波的速度，$c = 3 \times 10^8 \text{m/s}$。

载波加载之后，也即载波被调制以后，载波的振幅、频率或相位就会随普通信号的变化而变化，即把一个较低频率的信号调制到一个相对较高的载波上去。载波信号一般要求正弦载波的频率远远高于调制信号的带宽，否则会发生混叠，使传输信号失真。

不同的应用目的会采用不同的载波频率，不同的载波频率可以使多个无线通信系统同时工作，避免相互干扰。在 RFID 系统中，正弦载波除了是信息的载体外，在无源电子标签中还具有提供能量的作用，这一点与其他无线通信有所不同。

6.5.1　振幅键控

调幅是指载波的频率和相位不变，载波的振幅随调制信号的变化而变化。调幅有模拟调制与数字调制两种，这里只介绍数字调制，即振幅键控（ASK）。ASK 是利用载波的幅度变化来传递数字信息的，在二进制数字调制中，载波的幅度只有两种变化，分别对应二进制信息的 1 和 0。目前，电感耦合 RFID 系统通常采用 ASK 调制方式，此外，ISO/IEC 14443 和 ISO/IEC 15693 标准也都采用 ASK 调制方式。

1. 二进制幅移键控的定义

二进制振幅被控信号可以表示为具有一定波形的二进制序列（二进制数字基带信号）与正弦载波的乘积，即

$$v(t) = s(t)\cos(\omega_c t) \qquad (6\text{-}16)$$

式中，$s(t)$ 为二进制序列，$\cos(\omega_c t)$ 为载波。其中

$$s(t) = \Sigma_n a_n g(t - nT_s) \qquad (6\text{-}17)$$

式中，T_s 为码元持续时间，$g(t)$ 为持续时间 T_s 的基带脉冲波形，a_n 是第 n 个符号的电平取值。

在幅移键控时，载波振荡的振幅按二进制编码在 a_0 和 a_1 两种状态之间切换（键控），其中 a_0 对应 1 状态，a_1 对应 0 状态，a_1 取 0 和 a_0 之间的值。幅移键控时，载波的振幅按二进制编码在两种状态间切换，如图 6-13 所示。

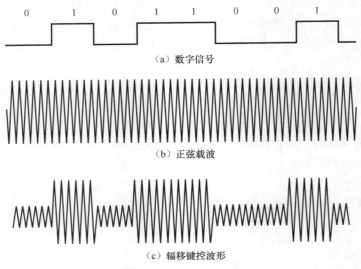

（a）数字信号

（b）正弦载波

（c）辐移键控波形

图 6-13　辐移键控的时间波形

已调波的键控度 m 为

$$m = \frac{a_0 - a_1}{a_0 + a_1} \qquad (6\text{-}18)$$

键控度 m 体现了调制的深度，当键控度 m 为 100%时，载波振幅在 a_0 与 0 之间切换，这时为通-断键控。

2．二进制幅移键控的电路原理图

二进制幅移键控信号的产生方法通常有两种：一种是模拟调制法，另一种是数字键控法。模拟调制法是用乘法器实现的，数字键控法是用开关电路实现的，相应的电路原理图如图 6-14 所示，其中图 6-14（b）中的键控度 m 为 100%。

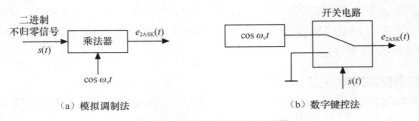

（a）模拟调制法

（b）数字键控法

图 6-14　二进制辐移键控电路原理图

二进制幅移键控运用了最早的无线数字调制方法，但这种方法在传输时会受噪声影响，其他是受噪声影响最大的调制技术，噪声电压和信号可能会一起来改变振幅，使信号从 0 变为 1，从 1 变为 0。

3. 二进制幅移键控的功率谱密度

二进制幅移键控信号是随机信号，故在研究它的频谱特性时，应该讨论它的功率谱密度。二进制幅移键控信号可以表示为

$$v(t) = s(t)\cos(\omega_c t) \tag{6-19}$$

其中，二进制基带信号是随机的单极性矩形脉冲序列。分析表明，二进制幅移键控信号功率谱密度具有如下特性。

（1）二进制幅移键控信号的功率谱由连续谱和离散谱两部分组成，连续谱取决于经线性调制后的双边带谱，而离散谱则由载波分量确定。

（2）二进制幅移键控信号的带宽是基带信号带宽的两倍，若只计功率谱密度的主瓣（第一个谱零点的位置），则传输的带宽是码元速率的两倍。

6.5.2 频移键控

频移键控（FSK）利用载波的频率变化来传递数字信息，是对载波的频率进行键控。二进制频移键控载波的频率只有两种变化状态，即载波的频率在 f_1 和 f_2 两个频率点变化，分别对应二进制信息的 1 和 0。

1. 二进制频移键控的定义

二进制频移键控信号可以表示成两个频率点变化的载波，其表达式为

$$v(t) = \begin{cases} A\cos(\omega_1 t + \theta_n) & 发送1 \\ A\cos(\omega_2 t + \theta_n) & 发送0 \end{cases} \tag{6-20}$$

从式（6-20）可以看出，发送 1 和发送 0 时，信号的振幅不变，角频率在变。

$$\omega_1 = 2\pi f_1 \tag{6-21}$$

$$\omega_2 = 2\pi f_2 \tag{6-22}$$

在频移键控时，载波振荡的频率按二进制编码在两种状态间切换（键控）。其中，f_1 对应 1 状态，f_2 对应 0 状态，如图 6-15 所示。

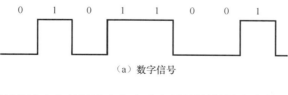

（a）数字信号

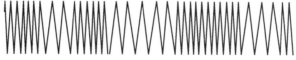

（b）频移键控波形

图 6-15 频移键控的时间波形

2. 二进制频移键控的特点

（1）从时间函数的角度来看，可以将二进制频移键控看作是 f_1 和 f_2 两种不同载频振幅键控信号的组合，因此二进制频移键控信号的频谱可以由两种振幅键控的频谱叠加得出。

（2）二进制频移键控在数字通信中应用较广，国际电信联盟（ITU）建议，在数据频率低于 1200 bit/s 时采用该调制方式，这种方式适用于信道衰落的场合。

6.5.3　相移键控

相移键控（PSK）利用载波的相位变化来传递数字信息，是对载波的相位进行键控。二进制相移键控载波的初始相位有两种变化状态，载波的初始相位通常在 0 和 π 两种状态间变化，分别对应二进制信息的 1 和 0。

1. 二进制相移键控的定义

二进制相移键控信号的时域表达式为

$$v(t) = A\cos(\omega_c t + \varphi_n) \tag{6-23}$$

式中，φ_n 表示第 n 个符号的绝对相位。φ_n 为

$$\varphi_n = \begin{cases} 0 & \text{发送1} \\ 1 & \text{发送0} \end{cases} \tag{6-24}$$

载波振荡的相位 φ_n 按二进制编码在两种状态间切换（键控），具体如图 6-16 所示。

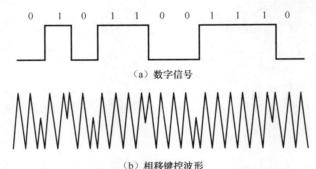

（a）数字信号

（b）相移键控波形

图 6-16　相移键控的时间波形

2. 二进制相移键控的特点

（1）PSK 系统具有较高的频带利用率，其在误码率、信号平均功率等方面都比 ASK 系统的性能更好。

（2）二进制 PSK 系统在实际中很少被直接使用，实际应用时通常采用差分相移键控（Differential Phase Shift Keying，DPSK）、相位抖动调制（Phase Jitter Modulation，PJM）等方式。

6.5.4　副载波调制

副载波调制是指首先把信号调制到载波 1 上，出于某种原因，决定对这个结果再进行一次调制，于是用这个结果去调制另外一个频率更高的载波 2。

在无线电技术中，副载波调制应用广泛。例如，802.11a 是 802.11 原始标准的一个修订标准，于 1999 年获得批准。802.11a 标准采用了与原始标准相同的核心协议，工作频率为 5 GHz，使用 52 个正交频分多路复用副载波，最大原始数据传输率为 54 Mbit/s，达到了现实网络中等吞吐量（20 Mbit/s）的要求。在 52 个副载波中，48 个用于传输数据，4 个是引示副载波（Pilot Carrier），每一个带宽为 0.3125 MHz（20 MHz/64），可以是二相移相键控（Binary Phase Shift Keying，BPSK）或 QPSK，总带宽为 20 MHz，占用带宽为 16.6 MHz。

对 RFID 系统来说，副载波调制方法主要用在 6.78 MHz、13.56 MHz 或 27.125 MHz 的电感耦合系统中，而且数据传输的方向为从电子标签到阅读器，有着与负载调制时阅读器天线上高频电压的振幅键控调制相似的效果。副载波频率通常是由工作频率分频产生的。例如，对 13.56 MHz 的 RFID 系统来说，使用的副载波频率可以是 847 kHz（13.56 MHz/16）、424 kHz（13.56 MHz/32）或 212 kHz（13.56 MHz /64）。

在 RFID 副载波调制中，首先用基带编码的数据信号调制低频率的副载波（已调的副载波信号用于切换负载电阻），然后采用 ASK、FSK 或 PSK 调制方法对副载波进行二次调制。采用 ASK 的副载波调制如图 6-17 所示。

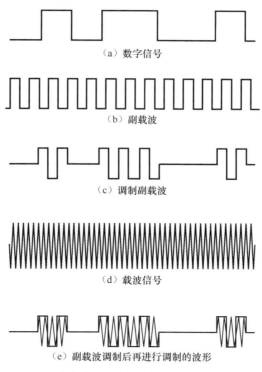

（a）数字信号

（b）副载波

（c）调制副载波

（d）载波信号

（e）副载波调制后再进行调制的波形

图 6-17　采用 ASK 的副载波调制

采用副载波进行负载调制，一方面可以在工作频率±副载波频率上产生两条谱线，信息会随着基带编码的数据流对副载波的调制而被传输到两条副载波谱线的边带中；另一方面，在基带中进行负载调制时，数据流的边带将会直接围绕工作频率的载波信号。在解调时，可以将两个副载波之一滤出，并对其解调。

6.6 本章小结

编码和调制是 RFID 系统信息交互的关键技术。

编码是指将信息变换为合适的数字信号。编码可分为信源编码、信道编码和信源信道联合编码。信源编码的主要目的是压缩信源的数据量；信道编码的目的是选择适合所用信道的编码，以达到最好的传输效果。信源信道联合编码通过结合信源与信道两者的特征，发挥出了编码的最佳效果。

曼彻斯特编码、密勒编码和修正密勒编码是 RFID 中最常用的信道编码方式，可以方便地从编码中提取同步信息，从而实现解码。本章详细阐述了它们的编码与解码原理，这是应该掌握的基本知识。

通信的目的在于传递信息。信息蕴藏于消息或数据中，而消息或数据总是会通过信号的形式在系统中传输。从消息或数据变换过来的原始信号通常具有较低的频谱分量。因此，为了适合于在无线信道中传输，RFID 系统的信息发送端须有调制过程，接收端须有解调过程。调制与解调的作用是通过某种方式对原始信号的频谱进行搬移，如在接收端把已搬移的高频频谱再搬移至原始信号的频谱，以实现信息的传输。

本章首先介绍了常用的编码方法以及 MATLAB/Simulink 仿真概念，接着详细讲解了 RFID 常用的信道调制方法，分别是幅移键控、频移键控、相移键控和副载波调制。

6.7 思考与练习

1. RFID 通信系统的模型是什么？简述这个模型的组成。

2. 简述信道带宽、信道传输速率、信道容量的概念，说明波特率与比特率的不同，说明信道容量和信噪比与带宽的关系。

3. 数字通信系统的模型是什么？其主要涉及哪些技术问题？

4. 什么是信源编码、信道编码和加密编码？在数字通信系统中它们各有什么作用？

5. 调制的目的是什么？简述将基带信号调制为频带信号的过程。

6. 在数字编码方式中，什么是单极性码和双极性码？什么是归零码和非归零码？RFID 系统常用的编码格式是什么？

7. 什么是载波？正弦振荡的载波信号的振幅、角频率和初相是固定的吗？幅移键控、频移键控和相移键控分别调制正弦载波的哪一个参量？

8. 分别给出幅移键控、频移键控和相移键控的函数表达式，说明它们各自的物理意义，并分别画出它们对应的时间波形。

9. 什么是副载波调制？画出采用幅移键控的副载波调制波形，并说明其在 RFID 系统中的应用。

RFID 防碰撞技术

07 chapter

本章导读

RFID 技术通过射频信号实现非接触自动识别目标物体并获取相关数据。RFID 系统由天线、阅读器和电子标签 3 个部分构成。在复杂的物联网环境下，电子标签和阅读器经常会遇到信号碰撞问题，从而影响 RFID 系统的通信质量。

本章介绍 RFID 系统碰撞与分类，并从防碰撞算法出发，介绍目前解决碰撞问题的主要方法：ALOHA 算法、二进制树型搜索算法、混合算法。

教学目标

- 掌握 RFID 系统产生碰撞的原因以及碰撞的分类。
- 理解目前 RFID 系统防碰撞的主要算法的实现过程。
- 掌握目前 RFID 系统防碰撞的主要算法。
- 了解目前 RFID 系统防碰撞的主要算法的特点。
- 了解防碰撞 RFID 系统的设计过程。

7.1 RFID 系统中的碰撞

7.1.1 RFID 系统中的碰撞与分类

RFID 利用射频信号，以无接触的方式采集并传递信息，识别过程无须人工干预，即可完成物品信息的采集与传输，可用于识别高速运动的物体，并且能够实现多个目标的同时识别。

在 RFID 系统中通常有 3 种通信模式：

（1）无线广播，即有多个电子标签处于同一阅读器的工作范围内，阅读器发出的数据流同时被多个电子标签接收；

（2）多路存取，即在阅读器的作用范围内同时有多个电子标签向单个阅读器相互传输数据；

（3）多个阅读器同时给多个电子标签发送数据。

在 RFID 通信场景中，如果在无线广播通信模式下，有可能多个电子标签对应同一阅读器，电子标签同时向该阅读器发送数据，信号相遇即会产生碰撞。碰撞使数据相互干扰，阅读器无法正确获取相关信息，这种现象被称为电子标签碰撞。采用多路存取通信模式，一个电子标签可能会同时被多个同时工作的阅读器读取，即阅读器作用范围重叠，工作频率发生碰撞，使电子标签无法选择合适的阅读器，从而无法建立电子标签与阅读器间的通信链路，这种现象被称为阅读器碰撞。此外，电子标签有时也可能会出现在多个阅读器的工作范围之内，即第三种通信模式，它们之间的数据通信也会引起数据干扰，不过一般很少考虑这种情况。

7.1.2 RFID 系统防碰撞方法

在 RFID 系统中，大多数的碰撞属于"电子标签碰撞"和"阅读器碰撞"。由于阅读器为有源设备，防碰撞算法采用多路存取技术，因此在设计上主要考虑阅读器之间的通信准则，以使 RFID 系统中阅读器与电子标签之间的数据能够完整地进行传输。

"多路存取"的通信方式具有以下特征。

（1）阅读器和电子标签之间数据包总的传输时间由数据包的大小和比特率决定，传播延时可忽略不计。

（2）RFID 系统可能会出现多个电子标签，并且它们的数量是动态变化的，这是因为电子标签有可能会随时超出或进入阅读器的作用范围。

（3）电子标签在没有被阅读器激活的情况下，不能和阅读器进行通信。对于 RFID 系统，这种主从关系是唯一的，电子标签一旦被识别，就可以和阅读器以点对点的模式进行通信。

（4）相对于稳定方式的多路存取系统，RFID 系统的仲裁通信过程是短暂的。

无线电通信系统中的多路存取方法基本上有以下几种：空分多路法（Space Division Multiple Access，SDMA）、时分多路法（Time Division Multiple Access，TDMA）、频分多路法（Frequency Division Multiple Access，FDMA）、码分多路法（Code Division Multiple Access，CDMA）。在 RFID 系统中，一般采用的是 TDMA。TDMA 是把整个可供使用的通道容量按时间分配给多个用户的技术，可以通过阅读器控制实现，即所有的电子标签同时由阅读器进行观察和控制。通过一种特定的算法，从阅读器工作范围内的电子标签中选中一个，即可完成阅读器和电子标签之间的通信（如读出、写入数据等）。在同一时间，只能建立一个通信关系，阅読器在解除与原来的电子标签的通信关系后，才可与下一个电子标签通信。TDMA 的特定算法也被称作防碰撞算法。

传统通信领域的多路复用方法很难直接应用于多电子标签读取，但随着 RFID 的发展，这些方法具备了解决问题的可能性。在电子标签防碰撞方面，考虑到电子标签内部的复杂程度与成本问题，实际中用到的 RFID 电子标签大部分都是无源电子标签，因此，本章主要关注无源电子标签的防碰撞问题。防碰撞方法从思路上可分为两种：一种是根据现有资源，通过软件算法实现电子标签防碰撞；另一种是通过优化硬件环境，如采用电子标签按特定几何分布、降低空间电磁波干扰、设计新颖的天线、搭建多入多出系统等物理方法，实现电子标签防碰撞。

7.2 防碰撞算法

RFID 系统碰撞问题影响着 RFID 整体的通信性能。现有的多电子标签防碰撞算法主要分为 3 类。

第 1 类：基于 ALOHA 的算法，又称为随机性算法；

第 2 类：二进制树型搜索算法，又称为确定性算法；

第 3 类：混合算法，将基于 ALOHA 的算法和基于树的算法相结合而产生的一种算法。下面分别介绍这 3 种主要算法。

7.2.1 ALOHA 算法

ALOHA 是一种时分多址存取方式，它采用了随机多址方式。相关研究始于 1968 年，其最初被美国夏威夷大学应用于地面网络，1973 年应用于卫星通信系统，现在广泛应用于 RFID 系统中。基于 ALOHA 的防碰撞算法的基本思想是：在阅读器发现多电子标签碰撞时，阅读器命令其作用范围内的所有电子标签随机延迟一段时间再进行响应，延迟时间的长度是以某种概率随机选择的。

1. 纯 ALOHA 算法

在 RFID 系统中，纯 ALOHA 算法是基于电子标签控制驱动的方法，仅用于只读系统。当电子标签进入射频能量场而被激活以后（处于工作状态），它就会发送自身存储的数据，且这些数据会在一个周期性的循环中不断发送，直至电子标签离开射频能量场。碰撞只会出现在数据传输时，该算法采用"电子标签先发言"方式，即电子标签一进入阅读器的作用区域就自动向阅读器发送其自身的信息，对同一个电子标签来说，其发送数据的时间是随机的。在电子标签发送信息的过程中，如果有其他电子标签也在发送数据，就会发生信号重叠，导致部分碰撞或者完全碰撞。纯 ALOHA 算法的信道效率不高。数学分析指出，纯 ALOHA 算法的信道吞吐率 S 与帧产生率 G 之间的关系为

$$S=Ge^{-2G} \tag{7-1}$$

对式（7-1）求导，可以得出当 $G=0.5$ 时，吞吐率最大为 $S=18.4\%$。

2. 时隙 ALOHA 算法

由于碰撞发生的时间是随机的，因此一个电子标签与阅读器的通信，有可能会因其他电子标签的突然响应而被破坏，即存在部分碰撞问题。1972 年，罗伯茨（Roberts）提出了时隙

ALOHA，它是对纯 ALOHA 的一种改进，即时隙 ALOHA（Slotted ALOHA，SA）算法。这种算法可以避免用户发送数据的随意性，减少数据冲突，提高信道的利用率，并且其吞吐量为纯 ALOHA 算法的两倍，但在实现过程中需要时间同步。

时隙 ALOHA 算法是阅读器控制驱动的方法，其基本原理是：把时间分成若干个相同长短的时隙，所有用户在时隙开始时刻同步接入网络信道，若发生冲突，则必须等到下一个时隙的开始时刻再发送。每个时间片对应一帧，并设置全局的时间同步。在 RFID 系统中，所有电子标签的同步由阅读器控制，电子标签只能在规定的同步时隙开始时传送其数据帧，并在时隙内进行数据传输。阅读器通过发送命令通知电子标签需要有多少时隙，电子标签随机选择发送信息的时间。如果某个时隙内只存在一个电子标签响应，则阅读器可正确地识别电子标签；如果某个时隙内存在多个电子标签响应，则会产生碰撞，此时阅读器会通知电子标签（电子标签接收到信号后会）在下一轮循环中重新随机选择发送的时隙，直到所有的电子标签都被识别出来为止。

时隙 ALOHA 算法的信道吞吐量 S 和帧产生率 G 的关系为

$$S=Ge^{-G} \qquad\qquad (7\text{-}2)$$

当 $G=1$ 时，吞吐量 S 取得最大值 $1/e$，约为 0.368，是纯 ALOHA 算法的两倍。

在时隙 ALOHA 算法中，时隙数量 N 对信道的传输性能有很大影响。如果有较多电子标签处于阅读器的工作范围内，而时隙数有限，则吞吐率就会降低。如果新的电子标签加入，则系统的吞吐率会快速下降。在最不利时，没有一个电子标签能单独在相同的一个时隙里使数据发送成功。相反，如果准备了较多的时隙，但工作范围内的电子标签较少，则也会造成吞吐量不高。因此，在时隙 ALOHA 算法的基础上改进算法，使时隙的数量可动态调整，即可获得动态时隙 ALOHA 算法。

动态时隙 ALOHA 算法的基本原理是：阅读器在等待状态中的循环时隙段内发送请求命令，该命令使工作中的电子标签同步，阅读器提供 1 或 2 个时隙给工作电子标签使用，工作电子标签选择自己的传送时隙，如果阅读器发现在这 1 或 2 个时隙内有较多的电子标签发生了数据碰撞，则阅读器就会用下一个请求命令提供 4 个时隙给电子标签，如果再检测到有较多电子标签发生了数据碰撞，阅读器就会用下一个请求命令提供 8 个时隙，依此类推增加动态时隙数（如 16，32……），直至不出现碰撞为止。

7.2.2　二进制树型搜索算法

在 RFID 防碰撞算法中，二进制树型搜索算法是目前应用最广的一种算法。在该算法的执行过程中，阅读器会多次发送命令给电子标签，并采用递归的方式工作：先将这些信息包随机地分为两个子集，如果子集遇到碰撞就再分为两个子集，如果再次发生碰撞，就继续将子集随机地分为两个子集。该过程不断重复，这些子集会越来越小，直到多次分组后最终得到唯一的一个电子标签或者为空，然后返回到上一个子集。这个过程遵循"先入后出"的原则，等所有子集中的信息包都成功传输后，再来传输第二个子集。在这个分组过程中，将对应的命令参数以节点的形式存储起来，就可以得到一个数据的分叉树，而这些数据节点又是以二进制的形式出现的，每次分割使搜索树增加一层分支，所以称其为"二进制树"，这种算法被称为"二进制树型搜索算法"。

二进制树型搜索算法模型如图 7-1 所示。算法过程为：将在冲突状态的电子标签分成左右两个子集，分别记为 0 和 1，搜索时先查询子集 0，如果没有发现冲突，则将电子标签正确识别，如果还存在冲突，则把子集 0 分成 00 和 01 两个子集，依此类推，直到识别出子集 0 中所有的电子标签。用同样的步骤和方法查询子集 1 中的所有电子标签。处理碰撞的基础是电子标签的序列号。

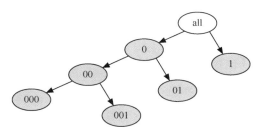

图 7-1　二进制树型搜索算法模型图

二进制树型搜索算法的实现步骤如下。

（1）阅读器以广播的形式发送探测包，探测包序列号最大，查询条件为 Q。在作用范围内的电子标签如果收到该探测包，则将它们的序列号分别传送至阅读器；

（2）当阅读器收到电子标签回传的应答后，将进行响应。如果发现收到的序列号不一致（即有的序列号为 0，而有的序列号为 1），则可以判定通信产生了碰撞；

（3）当确定存在碰撞后，再次分析，如果序列号不一致，则将最高位置 0，然后输出查询条件 Q，依次排除序列号大于 Q 的电子标签；

（4）识别出序列号最小的电子标签后，对其进行操作，使其进入"无声"状态，即对阅读器发送的查询命令不进行响应；

（5）重复上述步骤（1），从中选出序列号倒数第二的电子标签。

算法过程如投掷硬币一样，如果"抛的是正面"，则取值为 0；如果"抛的是反面"，则取值为 1。

如图 7-2 所示，在四层二叉树中，一个时隙用一个顶点表示，每个顶点为后面接着的过程产生子集。该顶点包含的信息包个数如果大于或等于 2，则系统产生碰撞，当有碰撞产生时，就产生两个新的分支。算法从树的根部开始，在解决这些碰撞的过程中，假设没有新的信息包到达。碰撞在时隙 1 发生，开始时并不知道一共有多少个信息包可能会发生碰撞，因为每个信息包好像抛硬币一样，如果抛的是正面（0），则在时隙 2 内传输。第二次碰撞发生在时隙 2 内，例如本题，两个信息包都是抛 1，则时隙 3 为空。在时隙 4 内，时隙 2 中抛 1 的两个信息包又一次发生碰撞和分支，抛 0 的信息包在时隙 5 内成功传输，抛 1 的信息包在时隙 6 内成功传输，这样，所有在时隙 1 内抛 0 的信息包之间的碰撞得以解决。在树根时抛 1 的信息包在时隙 7 内开始发送信息，新的碰撞又发生。这里假设在树根时抛 1 的信息包有两个，而且由于两个都是抛 0，所以在时隙 8 内它们再次发生碰撞并再一次进行分割，抛 0 的在时隙 9 内成功传输，抛 1 的在时隙 10 内成功传输。在时隙 7 内抛 1 的实际上没有信息包，所以时隙 11 为空闲。只有当所有发生碰撞的信息包都被成功地识别和传输，碰撞问题才得以解决。从开始发生碰撞，到所有碰撞问题得以解决的这段时间被称为解决碰撞的时间间隔（Collision Resolution Interval，CRI）。在本例中，CRI 的长度为 11 个时隙。

二进制树型搜索算法主要解决碰撞发生后的碰撞问题。需要特别说明的是，当碰撞正在发生时，新加入这个系统的信息包被禁止传输信息，直到该系统的碰撞问题得以解决，并且所有信息包成功发送完后，才能进行新信息包的传输。例如，在上述例题中，在时隙 1 到时隙 11

之间，新加入这个系统的信息包，只有在时隙 12 才可以开始传输。

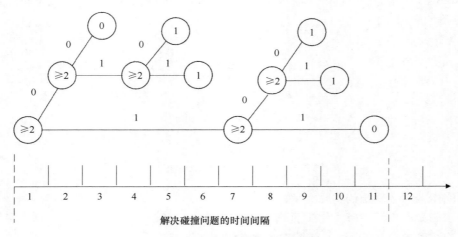

解决碰撞问题的时间间隔

图 7-2　二进制树型搜索算法的原理示意

　　该算法也可以用堆栈的理论方法进行描述。在每个时隙，信息包堆栈不断地出栈与入栈，根据栈后进先出的特点，在栈顶的信息包最先出栈，进行传输。当发生碰撞时，先把抛 1 的信息包压栈，再把抛 0 的信息包压栈，这样抛 0 的信息包处在栈顶，在下个时隙能出栈进行传输。当完成一次成功传输或者出现一次空闲时隙的时候，栈顶的信息包被继续弹出，依次进行传输。显然，当堆栈为空时，碰撞问题得以解决，所有信息包成功传输。接下来，把新到达这个系统的信息包压栈，操作过程同上。

7.2.3　混合算法

　　混合算法是将 ALOHA 算法和二进制树型搜索算法相结合而产生的一种算法。混合协议是一项新的电子标签阅读协议的分支，混合算法结合了 ALOHA 算法和二进制树型搜索算法的优点，是碰撞算法的重要研究方向。

　　混合型算法主要有以下几种。

　　（1）树时隙算法，在识别过程中，使用树状结构。在第一次读取过程中传递的时隙用树的根节点表示。每个电子标签记住它们用于传输的时隙编号，如果在读取周期内发生碰撞，阅读器就会为每个发生碰撞的时隙开始一个新的阅读周期，这与树的更新有关。每个电子标签都有一个计数器用于记住它在树中的位置。每当发生碰撞时，就会将一个新节点插入到树中，并启动另一个阅读周期。此过程重复进行，直到没有碰撞发生。

　　（2）混合查询算法，首先由阅读器向电子标签发送两位查询，然后在回退延迟后发送前缀匹配的电子标签。假设有 0001、0011 和 0010 三个电子标签，如果阅读器发送查询 00，那么每个电子标签查询之后的两位是 01、11 和 10。然后，这些电子标签分别将 1 个和 2 个时隙的回退定时器设置为 0。

　　（3）帧查询树算法，阅读器发送帧给电子标签，电子标签随机选择一个时隙。在每个时隙中，帧查询树均被用于识别电子标签。

　　（4）查询树 ALOHA 算法，阅读器发送前缀和帧长，然后前缀匹配的电子标签在帧中随机选择一个时隙。换句话说，前缀匹配的电子标签会使用帧的 ALOHA 协议进行识别。

7.3　防碰撞 RFID 系统设计实例

以 MCRF250 无源 RFID 芯片为例，对防碰撞 RFID 系统的设计过程进行描述。

7.3.1　无源 RFID 芯片 MCRF250

1. 简介

Microchip 公司生产的非接触可编程无源 RFID 器件 MCRF250 芯片工作在 125 kHz 的频率上。芯片具有以下性能：片上整流和稳压电路；只读数据传输，片内带有一次性可编程的 96 位或 128 位用户存储器（支持 48 位或 64 位协议）；工作过程低功耗；编码方式为 NRZ、曼彻斯特编码和差分曼彻斯特编码；调制方式有 FSK、PSK 和直接配制；有塑料双列直插式封装（Plastic Dual In-Line Package，PDIP）和小外形集成电路封装（Small Outline Integrated Circuit Package，SOICP）两种封装方式。

MCRF250 芯片有两种工作模式，即原生模式（Native Mode）和阅读模式（Read Mode）。原生模式，波特率为载波频率的 128 分频，调制方式为 FSK，数据码为 NRZ 码。在原生模式中，MCRF250 芯片具有一个未被编程的存储阵列，能够在非接触状态下提供一个默认状态。阅读模式是指在接触和非接触方式的编程之后永久的工作模式。阅读模式工作时，MCRF250 芯片中的配置寄存器的锁存位 CB12 置 1，芯片通电后将进入防碰撞数据传输状态。

2. 工作原理

MCRF250 芯片内部电路由射频前端、防碰撞电路和存储器 3 部分组成，内部电路框图如图 7-3 所示。MCRF250 芯片与阅读器构成一个应用系统。芯片的引脚 V/A 和 V/B 外接电感 L_1 和电容 C_1 构成谐振电路，谐振频率为 125 kHz，电感 L_1 的参考值为 4.05 mH，电容 C_1 的参考值为 390 pF。阅读器一侧的射频前端天线电路谐振于 125 kHz，用于输出射频能量，同时也用于接收 MCRF250 芯片以负载调制方式传来的数字信号。

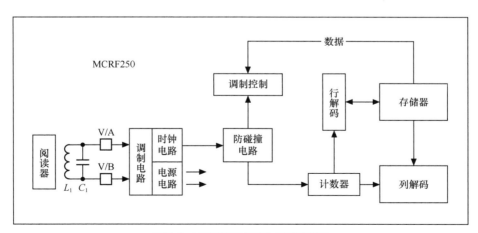

图 7-3　MCRF250 芯片的内部电路框图

（1）射频前端电路

射频前端电路的功能为实现芯片所有模拟信号的处理与变换,包括实现编码调制方式的逻辑控制、天线功能、电源（工作电压 V_{DD} 和编程电压 V_{PP}）、时钟频率、检测载波中断、通电复位、负载调制等电路。

（2）配置寄存器

芯片的工作参数由配置寄存器确定。配置寄存器可以由制造商在生产过程中编程，也可以采用非接触方式编程。配置寄存器共有 12 位，其功能如图 7-4 所示。

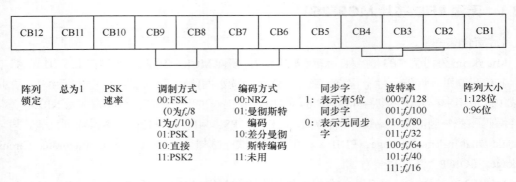

图 7-4　配置寄存器各位的功能

CB10 用于设置 PSK 速率，置 1 时速率为 $f_c/4$，置 0 时速率为 $f_c/2$，f_c 为载波频率 125 kHz。当 CB12 为 0 时，表示存储阵列未被锁定；为 1 时表示成功地完成了接触编程或非接触编程，此时芯片工作于防碰撞只读模式下。

（3）防碰撞电路

当发生碰撞时，由于芯片内有防碰撞的 MCRF250 芯片内部电路，所以可以停止数据发送。通过防碰撞电路的控制，数据可在适当的时候进行传输。防碰撞电路可以逐一读取阅读器射频能量场中的多个电子标签，其中阅读器应具有提供载波信号中断时隙（Gap）和碰撞检测的能力。

7.3.2　基于 FSK 脉冲调制方式的碰撞检测方法

MCRF250 芯片的阅读器，最主要的特点是具有提供中断时隙和碰撞检测的能力。阅读器采用中断时隙实现时间上的同步，采用碰撞检测判断有无碰撞发生。

阅读器利用比特（位）进行碰撞检测。检测样本包含幅度检测、位宽度检测、异常码检测，下面主要介绍基于 FSK 调制方式的碰撞检测方法。

基于 FSK 调制方式的碰撞检测方法利用对位宽度变化的检测来判断碰撞的发生。由于调制方式影响着位宽度的变化，因此当采用 NRZ 编码、FSK 脉冲调制时，在位 0 和位 1 碰撞后，信号会相互干扰，其合成波形的位宽度会发生明显改变，其碰撞情况的时序图如图 7-5 所示。图中，数位 0 的 FSK 频率为 $f_c/8$，数位 1 的 FSK 频率为 $f_c/10$，f_c 为载波频率（125 kHz），T_c 为载波周期，NRZ 码数的位宽为 $40T_c$。

由图 7-5 可知，经放大滤波整形电路后，若数位 1 和数位 0 产生碰撞，则碰撞冲突后的波形将出现 $7\,T_c$ 和 $12T_c$ 宽的脉冲。如果在正常情况下，0 的 FSK 调制脉宽为 $4T_c$，1 的 FSK 调制脉宽为 $5T_c$。因此，用计数器进行位宽度检测，判断是否出现大于 $5T_c$ 的脉宽，可以判断是否出现了碰撞。

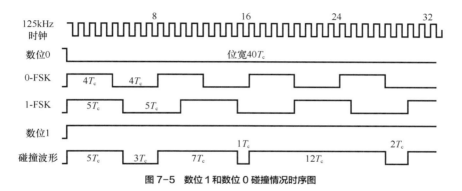

图 7-5　数位 1 和数位 0 碰撞情况时序图

7.4　本章小结

　　由于物联网融合了多种异构网络，因此在数据通信过程中，电子标签和阅读器经常会面临信号相遇、碰撞等问题。一旦碰撞发生，数据就会相互干扰并形成无效数据，进而就会降低吞吐量，影响通信质量。防碰撞技术是 RFID 系统的关键技术之一，能够较好地避免碰撞发生。

　　本章讨论了 RFID 系统传输信息时出现的碰撞问题，主要介绍了常用的防碰撞算法：ALOHA 算法、二进制树型搜索算法、混合算法等，并以无源 RFID 芯片 MCRF250 为例，介绍了防碰撞 RFID 系统的设计。

7.5　思考与练习

1. 简述"多路存取"通信方式的特征。
2. 多电子标签防碰撞算法有哪几类？
3. 简述时隙 ALOHA 算法的工作过程。
4. 简述二进制树型搜索算法的工作过程。

08
chapter

RFID 系统数据传输的安全性

本章导读

在信息传输过程中，确保信息安全尤为重要。

本章主要介绍密码学、流密码、RFID 技术中信息安全的实现、认证技术、密钥管理等信息安全知识。

教学目标

- 了解信息安全的重要性。
- 了解密码学在信息安全中的应用。
- 掌握 RFID 技术中信息安全的实现技术。
- 掌握密钥管理的原理。

8.1.1 信息安全的重要性

在信息化时代，信息化所引发的信息安全问题逐步受到了广泛的关注与重视。因为信息安全不仅涉及国家的经济、金融和社会安全，也涉及国防、政治和文化的安全，所以可以说，信息安全就是国家安全。

信息安全的基本内容是研究信息和承载信息系统的保护，以免信息受到各种攻击的破坏。如果不能保证信息防护措施的有效性，则对攻击事件的快速响应和对攻击所造成的灾难的恢复，将是重要的补救措施，它们是近几年兴起并得以快速发展的课题。

从信息网络系统上讲，信息安全主要包含两层含义：一是运行系统的安全，二是系统信息的安全。

机密性、可用性、认证性和不可否认性是信息安全的特征，密码技术是信息安全的核心，安全标准和系统评估是信息安全的基础。

信息安全作为信息化发展的根本保障，作为社会稳定乃至世界安全的保障，已经成为经济安全的核心。因此，对信息和信息系统进行防护具有重要的战略意义。

8.1.2 信息安全的定义

国际标准化组织（ISO）给出了信息安全的精确定义，这个定义的描述是：信息安全是为数据处理系统建立而采用的技术和管理方面的安全保护，即保护计算机硬件、软件和数据不因偶然和恶意的原因遭到破坏、更改和泄露。

ISO 的信息安全定义清楚地回答了人们所关心的信息安全的主要问题，主要包括 3 方面含义。

1. 信息安全的保护对象

信息安全的保护对象是信息资产，典型的信息资产包括计算机硬件、软件和数据。

2. 信息安全的目标

目前，信息安全包含 5 个主要方面，即信息及信息系统的机密性、完整性、可用性、认证性和不可否认性。

任何危及信息系统的活动都属于安全攻击。信息安全的目标就是保护信息系统的硬件、软件及系统中的数据，使其不因偶然的或者恶意的原因而遭到截取、更改、泄露、重放，使系统能够连续、正常地运行，使信息服务不中断。

因此，信息安全的任务包括：保障各种信息资源稳定、可靠地运行，保障各种信息资源可控并合理地使用。为了保证信息系统中的信息安全，人们通常会基于某些安全机制，向用户提供一定的安全服务。

安全服务是保证信息正确性和传输保密性的一类服务，其目的在于利用一种或多种安全机制阻止安全攻击。

3. 实现信息安全目标的途径

实现信息安全目标要借助两方面的控制措施，即技术措施和管理措施，这突显了技术与管理并重的基本思想。重技术轻管理，或者重管理轻技术，都是不科学的，并且是有局限性的错误观点。

8.2 密码学基础

8.2.1 密码学的基本概念

密码学是研究编制密码和破译密码的技术科学。研究密码变化的客观规律，应用于编制密码以保守通信秘密的技术科学，称为编码学；破译密码以获取通信情报的技术科学，称为破译学；两者总称为密码学。

例如电报，最早是由美国的摩尔斯在 1844 年发明的，故也被叫作摩尔斯电码。它是由两种基本信号（即短促的点信号"嘀"和保持一定时间的长信号"哒"）以及间隔时间组成的密码学，是研究如何隐秘地传递信息的学科。在现代特别是指对信息及其传输的数学性研究，常被认为是数学和计算机科学的分支，与信息论也密切相关。著名的密码学者罗纳德·李维斯特（Ron Rivest）解释说："密码学是研究如何在存在敌人的环境中通信的学科"。

密码学以信息安全等相关议题为研究对象，是认证与访问控制的核心。密码学的首要目的是隐藏信息的含义，而不是隐藏信息的存在。密码学促进了计算机科学的发展，广泛应用于计算机与网络安全所使用的技术中，如访问控制和信息的机密性。密码学已被广泛应用于日常生活的各个方面，包括带有芯片功能的银行卡、计算机使用者的密码、电子商务中的数字证书等。

密码是通信双方按约定的法则进行信息特殊变换的一种重要保密手段。依照这些法则，变明文为密文，称为加密变换；变密文为明文，称为解密变换。

密码在早期仅对文字或数码进行加、解密变换。随着通信技术的发展，对语音、图像、数据等都可以进行加、解密变换。

密码系统的加密/解密算法即使为密码分析者所知，也无助于推导出明文或密钥。即密码系统的安全性不应取决于不易改变的算法，而应取决于可随时改变的密钥，这就是设计和使用密码系统时必须遵守的柯克霍夫原则（Kerckhoffs Principle）。柯克霍夫原则也称为柯克霍夫假设（Kerckhoffs Assumption）或柯克霍夫公理（Kerckhoffs Axiom），是荷兰密码学家奥古斯特·柯克霍夫（Auguste Kerckhoffs）于 1883 年在其著作《军事密码学》中阐明的关于密码分析的一个基本假设。也就是说，安全性必须完全寓于密钥中，即加密和解密算法的安全性取决于密钥的安全性，而加密/解密的过程和细节（算法的实现过程）是公开的，只要密钥是安全的，攻击者就无法推导出明文。

如果密码系统的安全强度依赖于攻击者不知晓的密码算法，那么这个密码系统最终注定会失败。因为密码分析者可以用反汇编代码或逆向设计工程的方法得到密码算法的实现过程，甚至可以采取贿赂等手段，使算法的设计人员泄密。另外，密码算法不公开也不利于该算法的应用。因此，最好的算法是那些已经公开的，并经过世界上最好的密码破解者多年攻击和分析但尚未破译的算法。

8.2.2 对称密码体制

对称密码算法有时又叫作传统密码算法、秘密密钥算法或单密钥算法。对称密码算法的加密密钥能够从解密密钥中推算出来，反过来也成立。在大多数对称算法中，加密、解密密钥是相同的。它要求发送者和接收者在安全通信之前，商定一个密钥。对称密码算法的安全性依赖于密钥，泄露密钥就意味着任何人都能对消息进行加密/解密。只要通信需要保密，密钥就必须保密。

对称密码算法又可分为两类：一类是只对明文中的单个位（有时对字节）运算的算法，称为序列算法或序列密码；另一类是对明文的一组位进行运算，这些位组称为分组，相应的算法称为分组算法或分组密码。

现代计算机密码算法的典型分组长度为 64 位，这个长度既考虑分析破译密码的难度，又考虑使用的方便性。后来，随着破译能力的发展，分组长度又提高到 128 位或更长。常用的采用对称密码算法的加密方案有 5 个组成部分。

（1）明文：原始信息。

（2）加密算法：以密钥为参数，对明文进行多种置换和转换的规则和步骤，变换结果为密文。

（3）密钥：加密与解密算法的参数，直接影响对明文进行变换的结果。

（4）密文：对明文进行变换的结果。

（5）解密算法：加密算法的逆变换，以密文为输入、密钥为参数，变换结果为明文。

对称密码，是 20 世纪 70 年代公钥密码产生之前使用最广泛的加密类型。对称密码算法的特点是算法公开、计算量小、加密速度快、加密效率高。它要求发送方和接收方在安全通信之前，商定一个密钥。

此外，用户每次使用对称密码算法时，都需要使用其他人不知道的唯一密钥，这会使发收信双方所拥有的密钥数量呈几何级数增长，进而使密钥管理成为了用户的负担。

对称密码算法在分布式网络系统中使用较为困难，主要是因为密钥管理困难，使用成本较高。而与公开密钥加密算法相比，对称密码算法能够提供加密和认证，但缺乏签名功能。对称密码体制的加解密过程如图 8-1 所示。

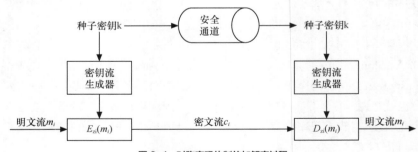

图 8-1 对称密码体制的加解密过程

在对称密码体制中，使用的密钥必须完全保密，且要求加密密钥和解密密钥相同，或由其中的一个可以很容易地推出另一个，所以，对称密码体制又称为秘密密钥密码体制、单钥密码体制或传统密码体制（因为传统密码都属于对称密码体制）。

对称密码体制包括分组密码和序列密码，典型的对称密码体制有数据加密标准（Data Encryption Standard，DES）、3DES、高级加密标准（Advanced Encryption Standard，AES）和国际数据加密算法（International Data Encryption Algorithm，IDEA）等。

对称密码体制就如同现实生活中保密箱的机制，一般来说，保密箱上的锁有多把相同的钥匙。发送方把消息放入保密箱并用锁锁上，然后，不仅把保密箱发送给接收方，而且还要把钥匙通过安全通道送给接收方，当接收方收到保密箱后，再用收到的钥匙打开保密箱，从而获得消息。

1．对称密码体制的优点

（1）加密和解密的速度都比较快，具有很高的数据吞吐率，不仅软件能实现较高的吞吐率，而且还易于硬件实现，硬件加密/解密的处理速度更快。

（2）对称密码体制中使用的密钥相对较短。

（3）加密文的长度往往与明文长度相同。

2．对称密码体制的缺点

（1）密钥分发需要安全通道。发送方安全、高效地把密钥送到接收方是对称密码体制的软肋，对称密钥的分发过程往往很烦琐，需要付出较高的代价（需要安全通道）。

（2）密钥量大，难于管理。多人用对称密码算法进行保密通信时，其密钥组合会呈指数级增长，从而使密钥管理变得越来越复杂。n 个人用对称密码体制相互通信，总共需要 C_n^2 个密钥，每个人拥有 $n-1$ 个密钥。当 n 较大时，将会极大程度地增加密钥管理（包括密钥的生成、使用、存储、备份、存档、更新等）的复杂性。

（3）难以解决不可否认性问题。因为通信双方拥有同样的密钥，所以接收方可以否认接收到某消息，发送方也可以否认发送过某消息，即对称密码体制很难解决鉴别认证和不可否认性的问题。

8.2.3　非对称密码体制

非对称密码体制就如同现在大家都熟悉的电子邮件机制，每个人的 E-mail 是公开的，发信人根据公开的 E-mail 向指定人发送信息，而只有 E-mail 的合法用户（知道口令者）才可以打开这个 E-mail 并获得信息。上述例子中的 E-mail 地址可以看作是公钥，而 E-mail 的口令可看作是私钥。发件人把信件发送给指定的 E-mail 地址，只有知道这个 E-mail 地址口令的用户，才能进入这个信箱。

非对称密码体制也叫作公钥加密技术，该技术就是针对私钥密码体制的缺陷而提出来的。其一是为了解决对称密码体制中密钥分发和管理的问题；二是为了解决不可否认性问题。基于以上两点可知，非对称密码体制在密钥分配和管理、鉴别认证、解决不可否认性问题等方面具有重要的意义。

非对称密码体制中使用的密钥有两个，一个是对外公开的公钥，可以像电话号码一样进行注册公布；另一个是必须保密的私钥，只有拥有者才知道。不能从公钥推出私钥，或者说，从公钥推出私钥在计算上困难，或者不可能。在非对称密码体制中，加密和解密是相对独立的，加密和解密会使用两把不同的密钥，加密密钥（公开密钥）向公众公开，谁都可以使用，解密密钥（秘密密钥）只有解密人自己知道，非法使用者根据公开的加密密钥无法推算出解密密钥，故可称其为双钥密码体制或公开密钥密码体制。典型的非对称密码体制有数据加密标准（Data Encryption Standard，DES）、椭圆曲线加密（Elliptic Curves Cryptography，ECC）等。

传统密码体制主要用于对信息进行保密，实现信息的机密性。而非对称密码体制不仅可用于对信息进行加密，还可对信息进行数字签名。在非对称加密算法中，任何人均可用信息接收者的公钥对信息进行加密，信息接收者则用他的私钥进行解密。而数字签名者用他的私钥对信息进行签名，任何人均可用他相应的公钥验证其签名的有效性。因此，非对称密码体制不仅可保障信息的机密性，还具有认证和抗否认性的功能。

如果一个人选择并公布了他的公钥，另外任何人都可以用这一公钥来加密传送给那个人信息。私钥是秘密保存的，只有私钥的所有者才能利用私钥对密文进行解密。

非对称密码体制结构的过程图如图 8-2 所示。

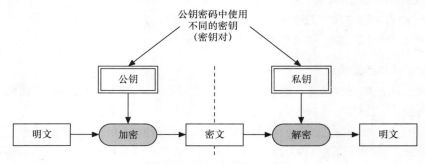

图 8-2　非对称密码体制结构过程图

在非对称密码体制的算法中，最具代表性的是 RSA 系统。此外，还有背包密码、McEliece 密码、Diffe_Hellman、Rabin、零知识认证、椭圆曲线加密、EIGamal 算法等。公钥密码的密钥管理比较简单，并且可以方便地实现数字签名和验证，但算法复杂，加密数据的速率较低。非对称密码系统不存在对称密码系统中存在密钥的分配和保存问题，对于具有 n 个用户的网络，仅需要 $2n$ 个密钥。非对称密码系统除了用于数据加密外，还可用于数字签名。

非对称密码体制可以对信息发送人和接收人的真实身份进行验证，使所发出/接收的信息在事后不可抵赖，并可保障数据的完整性，这是现代密码学主题的另一方面。

非对称密码体制应用最广泛的加密算法是 RSA。RSA 研究的最初理念与目标是使互联网安全可靠，旨在解决 DES 算法利用公开信道传输（分发）秘密密钥的难题。而实际结果不但很好地解决了这个难题，还可利用 RSA 来完成对电文的数字签名，以防止收发双方对电文的否认与抵赖。同时，还可以利用数字签名，较容易地发现攻击者对电文的非法篡改，以保护数据信息的完整性。

1. 非对称密码体制的优点

（1）密钥的分发相对容易

在非对称密码体制中，公钥是公开的，而用公钥加密的信息只有对应的私钥才能解开。所以，当用户需要与对方发送对称密钥时，只须利用对方的公钥加密这个密钥即可，而这个加密信息，只有拥有相应私钥的对方才能解开，并得到对称密钥。

（2）密钥管理简单

每个用户只须保存好自己的私钥，对外公布自己的公钥。n 个用户仅需产生 n 对密钥，即密钥总量为 $2n$，当 n 较大时，密钥总量的增长是线性的，而每个用户管理密钥的个数始终为 1 个。

（3）可以有效地实现数字签名

可以有效地实现数字签名是因为签名的产生来自于用户的私钥，其验证使用了用户的公钥，由此可以解决信息的不可否认性问题。

2．非对称密码体制的缺点

（1）与对称密码体制相比，非对称密码体制加解密的速度较慢。

（2）在同等安全程度下，非对称密码体制要求的密钥位数要多一些。

（3）加密文的长度往往大于明文的长度。

8.3 序列密码（流密码）

8.3.1 序列密码体制的结构框架

序列密码也称为流密码。使用序列密码对某一消息 m 执行加密操作时，一般是先将 m 分成连续的符号（一般为比特串），如 $m = m_1m_2m_3\cdots$；然后使用密钥流 $k = k_1k_2k_3\cdots$ 中的第 i 个元素 k_i 对明文消息的第 i 个元素 m_i 执行加密变换，$i = 1$，2，3$\cdots$；所有的加密输出连接在一起，就构成了对 m 执行加密后的密文。

一般而言，分组密码和序列密码都属于对称密码，但二者还是有较大的不同的。分组密码是把明文分成相对较大的块，对于每块使用相同的加密函数进行处理。因此，分组密码是无记忆的。相反，序列密码可以处理的明文长度可以小到 1 bit，而且序列密码是有记忆的。有时，序列密码又被称作状态密码，因为它的加密不仅与密钥和明文有关，还与当前状态有关。这种序列密码与分组密码的区别也不是绝对的，如果分组密码增加少量的记忆模块，就形成了一种序列密码。另外，分组密码算法设计的关键在于加解密算法，使明文和密文之间的关联在密钥的控制下尽可能复杂，而序列密码算法设计的关键在于密钥序列产生器，即须使生成的密钥序列具有尽可能高的不可预测性。

与分组密码相比，序列密码受政治的影响较大。目前，序列密码主要应用于军事、外交等领域。虽然也有公开设计和研究成果发表，但作为密码学的一个分支，序列密码的许多设计与分析成果还是保密的。序列密码可以进一步划分成同步序列密码和自同步序列密码两类。

1．同步序列密码

如果密钥序列的产生独立于明文消息和密文消息，则此类序列密码称为同步序列密码。在同步序列密码中，密钥流的产生与明文消息流相互独立。由于密钥流与明文串无关，同步序列密码中的每个密文 c_i 均不依赖于明文 m_{i-1}，$\cdots$，m_1，因此，同步序列密码的一个重要优点就是无错误传播。在传输期间，一个密文字符被改变只影响该符号的恢复，不会对后继的符号产生影响。

但是，在同步序列密码中，发送方和接收方必须是同步的，即用同样的密钥且该密钥操作在同样的位置时才能保证正确解密。如果在传输过程中，密文字符有插入或删除，将导致同步丢失，密文与密钥流将不能对齐，无法正确解密。要想正确地还原明文，密钥流必须再次同步。

2．自同步序列密码

如果密钥序列的产生是密钥及固定大小的以往密文位的函数，则这种序列密码被称为自同步序列密码或非同步序列密码。与同步序列密码相反，自同步序列密码有错误传播现象，但可以自行实现同步。在自同步序列密码中，密钥流的产生与先前已经产生的若干密文有关。其中，密钥流的生成过程可用函数表示为：

$$\sigma_{i+1} = F(\sigma_i, C_{i-1}, \cdots, c_{i-k}) \qquad (8\text{-}1)$$

$$z_i = G(\sigma_i, k) \qquad (8\text{-}2)$$

$$c_i = E(z_i, m_i) \qquad (8\text{-}3)$$

其中，σ_i 是密钥流生成器的内部状态（初始状态记作 σ_0）；F 是状态转移函数；G 是生成密钥流的函数；E 是自同步序列密码的加密变换，它是 z_i 与 m_i 的函数。

由此可见，如果自同步序列密码中某一符号出现传输错误，则将影响它之后 k 个符号的解密运算，即自同步序列密码有错误传播现象。等该错误移出寄存器后，寄存器才能恢复同步，因而，一个错误至多影响 k 个符号。在 k 个密文字符之后，这种影响将消除，密钥流自行实现同步。密文流参与了密钥流的生成，这使密钥流的理论分析复杂化，目前的序列密码研究成果大部分是关于同步序列密码的，因为这些序列密码的密钥流的生成独立于消息流，从而使它们的理论分析成为可能。

序列密码体制具有以下 4 个特点：

（1）在信息的最小单元上加密，可以达到很高的保密度；

（2）不增加消息长度；

（3）解密过程不会引起错误扩散；

（4）适用于各种速率的信号。

由于密码是在公开的信道上传送的，因此不应该具有某种明显的特征。为了避免分析者运用语言的某些统计知识猜测密文，密文应该有足够的随机性。

8.3.2　m 序列

1. m 序列的概念

序列是最长线性移位寄存器（移存器）序列的简称，是一种伪随机序列、伪噪声（PN）码或伪随机码。可以预先确定并且可以重复实现的序列称为确定序列；既不能预先确定又不能重复实现的序列称为随机序列；不能预先确定，但可以重复产生的序列称为伪随机序列。

在所有的伪随机序列中，m 序列是最重要、最基本的一种伪随机序列。它容易产生，规律性强，有很好的自相关性和较好的互相关性。m 序列是最长线性反馈移存器序列的简称。它是由带线性反馈的移存器产生的周期最长的序列。一般来说，一个 n 级线性反馈移存器可能产生的最长周期等于 2^{n-1}。m 序列是一种典型的伪随机序列，在通信领域有着广泛的应用，如扩频通信和卫星通信的 CDMA，数字数据中的加密、加扰、同步、误码率测量等。在 IS-95（第一个基于 CDMA 的数字蜂窝标准）的反向信道中，选择了 m 序列的 PN 码作为地址码，并利用不同相位 m 序列几乎正交的特性，来为每个用户的业务信道分配一个相位。

2. m 序列的特性

m 序列具有非常优良的数字理论特性，这是它能够得到广泛应用的根本原因，m 序列既具有一定的随机性，又具有确定性（周期性），以下为它的主要理论特性。

（1）均衡特性（平衡性）。m 序列每一个周期中 1 的个数比 0 的个数多 1 个。

（2）游程特性（游程分布的随机性）。在序列中，状态"0"或"1"连续出现的段称为游程。游程中"0"或"1"的个数称为游程长度。在 m 序列的一个周期（$p = 2n-1$）中，游程总数为 2n−1，"0"和"1"各占一半。

（3）移位可加性。两个彼此移位等价的相异 m 序列，通过模 2 方式相加，所得的序列仍为 m 序列，并与原 m 序列等价。

（4）m 序列具有良好的自相关性。

3. m 序列的应用

m 序列是目前被广泛应用的一种伪随机序列，如其在通信领域就有着广泛的应用。

（1）在通信加密中的应用

m 序列自相关性较好，容易产生和复制，而且具有伪随机性。利用 m 序列加密数字信号，可使加密后的信号在携带原始信息的同时具有伪噪声的特点，以达到在信号传输的过程中隐藏信息的目的。在信号接收端，再次利用 m 序列加以解密，可恢复原始信号。

（2）在雷达信号设计中的应用

近年兴起的扩展频谱雷达所采用的信号是已调制的具有类似噪声性质的伪随机序列，它具有很强的距离分辨力和速度分辨力。这种雷达的接收机采用相关解调的方式工作，能够在低信噪比的条件下工作，同时具有很强的抗干扰能力。这种雷达实质上是一种连续波雷达，具有低截获概率，是一种体制新、性能高、适应现代高科技战争需要的雷达。

采用伪随机序列作为发射信号的雷达系统具有许多突出的优点。第一，它是一种连续波雷达，可以较好地利用发射机的功率。第二，它在一定的信噪比条件下能够达到很好的测量精度，保证测量的单值性，比单脉冲雷达具有更高的距离分辨力和速度分辨力。第三，它具有较强的抗干扰能力，敌方要干扰这种宽带信号，将比干扰普通的雷达信号困难得多。

（3）在通信系统中的应用

伪随机序列貌似随机，实际上是有规律的周期性二进制序列，具有类似噪声序列的性质。在 CDMA 中，地址码就是从伪随机序列中选取的。在 CDMA 中使用一种最易实现的伪随机序列——m 序列，利用 m 序列不同的相位可区分不同的用户。为了保证数据安全，在 CDMA 的寻呼信号和正向业务信道中，可使用数据掩码（即数据扰乱）技术，其方法是用长度为 $2^{42}-1$ 的 m 序列对业务信道进行扰码（注意不是扩频）。

8.3.3 非线性反馈移位寄存器序列

随着近十年国际序列密码设计思想的转变，非线性反馈移位寄存器逐渐成为用于序列密码算法的重要序列源生成器，因此，对非线性反馈移位寄存器序列的密码性质的研究受到了很多关注。

近年来，随着相关攻击及代数攻击的不断发展，基于线性反馈移位寄存器（Linear Feedback Shift Register，LFSR）的密码体制面临越来越多的安全威胁，于是非线性反馈移位寄存器（Nonlinear Feedback Shift Register，NFSR）序列得到了越来越多的关注。虽然 NFSR 序列因其天然的非线性结构使代数攻击等传统手段难以分析，但是由于非线性问题的困难性，NFSR 序列的周期等基本密码性质至今没有令人满意的结论，如在欧洲序列密码计划中胜出的硬件算法 Trivium 输出序列的周期，目前仍是一个公开难题。

尽管非线性反馈移位寄存器已广泛应用于序列密码设计中，但非线性反馈移位寄存器序列的基础理论还很不完善，许多基本的密码性质仍不清楚。例如，非线性反馈移位寄存器的退化性质，即一个 n 级非线性反馈移位寄存器的输出序列的非线性复杂度是否都能达到 n，也

即是否存在小于 n 级的非线性反馈移位寄存器可以生成其部分输出序列。若一个 n 级非线性反馈移位寄存器的输出序列包含一个级数小于 n 的非线性反馈移位寄存器的输出序列全体，则称该 n 级非线性反馈移位寄存器有一个子簇。子簇问题是非线性反馈移位寄存器退化性质的一个重要研究方面。

8.4 RFID 中的认证技术

8.4.1 RFID 安全认证协议

1. 安全需求分析

一个 RFID 系统是由电子标签、阅读器和后端数据库构成的，其中，阅读器与后端数据库之间的通信被认为是安全的，而阅读器与电子标签之间的通信被认为是不安全的，而且阅读器与电子标签之间的通信是非对称的，这种信道的"非对称性"对 RFID 系统安全认证机制的设计和分析有着很大的影响。

一个 RFID 系统面临的安全问题，具体来说主要有以下几种。

（1）计数攻击：攻击者可以潜入到某一个仓库中，用一个手持式的阅读器获取仓库中的存货数量。虽然攻击者可能读不懂标签返回的认证信息，但是，通过记录阅读器与电子标签的交互信息的数量，即可获取库存货物的数量，从而危及商业机密。这一安全隐患也是目前大多数协议所忽略的。

（2）假冒攻击：攻击者可以伪装成阅读器或电子标签，通过伪造数据而通过验证，从而获得非法利益。

（3）重放攻击：攻击者可以截获阅读器与电子标签之间传送的有效信息，然后将截获到的信息在系统中重新发送，来达到欺骗电子标签或阅读器并通过认证的目的，进而对系统进行攻击。

（4）拒绝访问攻击：攻击者可以通过同时发送海量信息或将 RFID 电子标签或阅读器屏蔽，使系统不能正常工作。此外，攻击者还可以截获阅读器与电子标签之间传送的信息，使得标签与后端数据库之间的认证信息不能同步，进而使得电子标签认证失败，从而达到使系统不能正常工作的目的。

（5）无前向安全性：当电子标签中的信息被攻击者获取后，攻击者可以通过追踪历史记录进一步获取过去的通信信息。

（6）隐私问题：保存在电子标签中的信息被非法获取，电子标签与阅读器之前的传输信息被窃听，或者电子标签被跟踪等。

2. 物理解决方案

物理方法主要采用增设物理屏蔽装置，使电子标签不能被攻击者访问，或者采用销毁电子标签或移除电子标签的方式，使电子标签不能再次使用。这类方法简单有效，但是，它的简单性限制了其应用范围，其一般只能应用于比较简单的应用场合。具体的方法主要包括以下几种。

（1）销毁指令机制

销毁（Kill）指令机制最先是由 EPCglobal 组织的前身 Auto-ID 中心提出的。这种方法将销毁功能集成到电子标签中，当电子标签接收到来自阅读器的 Kill 指令时，将自身销毁。这种方法彻底从物理上销毁了电子标签，虽然能够有效地保护隐私，但是电子标签却不能再重复利用了，而且电子标签是否已经被销毁也是难以验证的。

（2）主动干扰法

主动干扰法是一种强制性的保护电子标签免受检测的方法，这种方法是指，用户可以随身携带一种能够主动发出无线电信号的设备，以干扰或者阻止附近的阅读器正常运行。这种方法能够有效地防止自身受到非法监测，但同时也会对附近的其他需要正常运转而不需要隐私保护的 RFID 系统造成严重的干扰，甚至有可能违法。这种方法一般不允许单独使用，需要配合 RFID 的 Singleton 协议一起来干扰或者说是破坏 RFID 系统的某些特定的操作。

（3）阻塞标签法

阻塞标签法是指随身携带一种"阻塞标签"来干扰阅读器的查询算法，以达到防止自身合法电子标签被非法访问的目的。这种方法是由朱尔斯（Juels）等人提出的，它基于二进制树型搜索算法。阻塞标签法能够模拟电子标签 ID 的所有可能的集合，当阅读器发出读取命令时，阻塞标签会同时广播"0""1"，使阅读器在该节点发生递归，直到遍历整棵树，返回所有可能的 ID。这样，就能够保护电子标签免受非法阅读器的访问。阻塞标签本身不需要密码运算，成本低，对合法电子标签也没有影响，这使它成为了一种有效的隐私安全问题解决方案。然而，阻塞标签也有可能被恶意攻击者利用，即通过模拟电子标签 ID 制作恶意阻塞标签，以对 RFID 系统进行拒绝访问攻击，进而干扰 RFID 系统的正常服务。

（4）法拉第网罩

法拉第网罩（又称为静电屏蔽）是利用一个金属网或者箔制容器对电子标签进行屏蔽，这种容器不能被无线信号穿透，它可以用来保护电子标签不被攻击者窃听。但是，这种方法需要一个额外的物理设备，增加了成本，而且这种方法不能屏蔽嵌入到产品中的电子标签。此外，如果包围电子标签的物理屏蔽在需要合法阅读器进行扫描时没有被移除，那么它就变成了一个潜在的威胁。例如，如果用户在授权阅读器附近不能把电子标签上的法拉第网罩移除，那么合法阅读器就不能确认现在不可用的电子标签，RFID 系统就不能记录这个电子标签的状态，其数据的完整性将被破坏。

（5）伪名标签法

由于电子标签 ID 是固定不变的，因此很容易被跟踪，从而暴露用户的行踪，侵害用户的隐私安全。为了防止电子标签被跟踪，需要对返回的电子标签信息进行不断更新。考虑到这一点，朱尔斯提出了一种"最低要求"密码系统。这种方法为每个电子标签赋予一个伪名集，阅读器访问电子标签时，电子标签可循环使用这些伪名，这样，就可以保证电子标签每次都用不同的识别码向阅读器做出响应，实现一种伪动态更新，从而保护用户不被跟踪。但是，这种方法建立在假设非法阅读器不能获取电子标签伪名集所有内容的前提下，而在实际应用中，这种假设并不能完全排除。

3. 加密认证解决方案

目前，已经有很多密码认证方法被提出，比较经典的有 Hash-Lock 协议、随机化 Hash-Lock 协议、Hash 链协议、基于 Hash 的 ID 变化协议等，这些都是基于 Hash 函数实现的安全协议。Hash 函数计算比较复杂，在电子标签中实现一个成熟 Hash 算法需要 3000～4000 个逻辑门。此外，还有很多基于密码算法的安全认证协议，如 A5/1 流密码协议、密钥变化协议等，它们中用到的密码算法更为复杂。

对于 EPC Gen2 标准下的 RFID 系统，其后端数据库与阅读器的计算能力都比较强，能进行比较复杂的运算，但电子标签的运算能力很弱。

对于一个低成本的电子标签来说，通常只包含 5000～10000 个逻辑门电路，而这些逻辑门电路除去用于实现一些基本的电子标签功能的逻辑门电路之外，可用于安全机制的逻辑门电路只有 400～4000 个。因此，前面提及的基于 Hash 函数的认证协议和基于密码算法的认证协议，并不适用于 EPC Class1 Gen2（C1G2）标准下的低成本电子标签。

自 2004 年 EPC C1G2 标准提出以来，针对 EPC C1G2 标准的低成本电子标签的认证协议也层出不穷，其中最经典的要数 2007 年提出的符合 C1G2 标准的双向认证协议，它也是基于 2006 年提出的针对 EPC Gen2 电子标签的防追踪和克隆攻击的协议改进而来的。然而，2008 年，Daewan Han 与 Daesung Kwon 提出的协议并不像他们自己所说的那样能抵御一切攻击，并且其提出的循环冗余函数自身作为单向函数也存在安全问题。

8.4.2　RFID 身份认证协议

1. 安全需求分析

在 RFID 系统的应用过程中，面临的安全问题比传统计算机网络面临的安全问题要多很多，目前常见的 RFID 系统的安全问题包括隐私保护与身份认证问题、电子标签防碰撞问题、电子标签所有权转移问题等，而 RFID 系统的隐私保护与身份认证问题是用户最关心的问题，也是当前 RFID 系统能否大规模推广的瓶颈所在。随着 RFID 应用的不断扩大，安全问题特别是用户隐私问题变得日益严重。RFID 系统所面临的隐私问题主要是追踪问题和隐私泄露问题。

在 RFID 系统的无线信道中，阅读器到电子标签方向的信道称为前向信道，电子标签到阅读器方向的信道称为反向信道。由于天线发射功率不同，因此 RFID 系统前向信道的通信距离要远远大于反向信道的通信距离。这样，攻击者就可能在不通知 RFID 电子标签持有者的情况下，截获 RFID 电子标签与阅读器的通信信息。因此，只要在允许的读写距离内，电子标签就有被暗中扫描的危险。一般 RFID 电子标签都有唯一的标识符，因此，当 RFID 电子标签的所有者携带着一个不断向周围阅读器广播固定序列号的电子标签时，就有被攻击者暗中追踪的风险。即使电子标签的响应消息是随机数字序列号和不具有本质信息的数据，攻击者仍可进行这种追踪。当电子标签序列号与个人信息绑定时，对用户隐私的威胁就更加严重了。

除了电子标签的标识符，RFID 电子标签上还可能附带有用户敏感资料，攻击者很可能采用其他攻击手段获取这些资料。另外，随着物联网的应用越来越广泛，商家为了定向投放广告，可能会暗中收集客户的消费资料，并将不同地方获得的消息汇总，绑定个人信息，这样，攻击者在此处获得用户的部分信息后，根据获得的线索可能会进一步扩大攻击范围，获取用户更多的隐私，造成严重的隐私泄露问题。

目前，由于 RFID 基础设施很少且不完善，因此跟踪和隐私泄露引发的问题并未得到很好的解决。一旦 RFID 系统大范围使用，隐私问题可能会给用户造成重大的损失。

2. 加密认证解决方案

身份认证是为了让通信的对方相信正在与之通信的对象就是对方声称的那个实体。在现实世界中，对某人的身份进行认证，基本上可以通过以下 4 种途径。

（1）所知：基于你知道什么（What you know），即根据声称者所知的信息来证明其身份。

（2）所有：基于你拥有什么（What you have），即根据声称者所拥有的东西来证明其身份。

（3）所是：基于你是谁（Who you are），即直接根据声称者唯一的身体特征来证明其身份，如指纹、虹膜、掌纹等。

（4）根据信任的第三方所提供的信息。

身份认证是信息安全的第一道防线，是最基本的安全服务，RFID 本身的特性也决定着身份鉴别在 RFID 系统安全中是最基本的安全应用。要认证 RFID 系统中某一用户的身份，也须根据"所知""所有""所是"或第三方信息来实现，为了使身份认证达到更高的安全强度，某些应用场合会在以上所述的 4 种途径中挑选两种混合使用，这就是所谓的双因子认证，即需要对两个条件进行验证才能确认声称者的身份。在 RFID 系统中，身份认证除了要鉴别电子标签的合法性外，还要鉴别阅读器的合法性，以防止攻击者假冒通信双方中的任何一方来截获通信消息，进而配合其他攻击手段通过系统认证，获取系统合法使用权限，这就是双向认证。在实际应用中，身份鉴别涉及许多密码学知识，如公钥签名、零知识身份证明等。

8.5 密钥管理

8.5.1 密钥管理相关概念

随着现代网络通信技术的发展，人们对网络上传递敏感信息的安全要求越来越高，商用密码得到了广泛应用。随之而来的密钥使用也大量增加，如何保护和管理密钥变得尤为重要。

密钥是密码系统中的可变部分。现代密码体制要求密码算法是可以公开评估的，整个密码系统的安全性并不取决于对密码算法的保密或者对密码设备的保护，决定整个密码体制安全性的因素是密钥的保密性。也就是说，在考虑密码系统的设计时，需要解决的核心问题是密钥管理问题，而不是密码算法问题，由此带来的好处是：在密码系统中，不用担心算法的安全性，只要保护好密钥就可以了。显然，保护密钥比保护算法要容易得多。再者，可以使用不同的密钥保护不同的信息，这意味着当攻击者攻破一个密钥时，受威胁的只是这个被攻破密钥所保护的信息，其他的信息依然是安全的。由此可见，密码系统的安全性是由密钥的安全性决定的。

密钥管理就是在授权各方之间建立和维护密钥关系的一整套技术和程序。密钥管理是密码学的一个重要分支，也是密码学最重要、最复杂的部分，在一定的安全策略的指导下，其负责密钥从产生到最终销毁的整个过程，包括密钥的生成、存储、分发与协商、使用、备份与恢复、更新、撤销和销毁等。密钥管理是密码学许多技术（如机密性、实体身份验证、数据源认证、数据完整性和数据签名等）的基础，在整个密码系统中占有极其重要的地位。

以下为密钥管理中主要内容的基本含义与作用。

1. 密钥生成和检验

密钥生成是密钥管理的首要环节，如何生成好的密钥是保证密码系统安全的关键。密钥产生设备主要是密钥生成器，一般使用性能良好的发生器装置产生伪随机序列，以确保所产生的密钥的随机性。好的密钥生成应做到：产生的密钥是随机等概率的、避免弱密钥的出现。

2. 密钥交换和协商

典型的密钥交换主要有两种形式：集中式交换方案和分布式交换方案。前者主要依靠网络中的"密钥管理中心"根据用户要求来分配密钥，后者则是依靠网络中各主机相互协商来生成共同密钥。生成的密钥可以通过手工方式或安全信道秘密传送。

3. 密钥保护和存储

所有的密钥均须有强有效的保护措施，提供密码服务的密钥装置必须绝对安全，密钥存储要保证密钥的机密性、认证性和完整性，而且要尽可能地减少系统中驻留的密钥量。密钥在存储、交换、装入和传送过程中的核心工作是保密，其密钥信息应以密文形式流动。

4. 密钥更换和装入

任何密钥的使用都应遵循密钥的生存周期，绝不能超期使用，因为密钥使用时间越长，重复几率越大，外泄的可能性就越大，被破译的危险性也会越大。因此，密钥一旦外泄，必须更换。密钥装入可通过键盘、密钥注入器、磁卡等介质以及智能卡、系统安全模块（具备密钥交换功能）等设备实现。密钥装入可分为主机主密钥装入、终端机主密钥装入，二者均可由保密员或专用设备装入，一旦装入，就不可再读取。

密钥管理是一项综合性的系统工程，要求管理与技术并重，除了技术性因素外，它还与人的因素密切相关，包括密钥管理相关的行政管理制度和密钥管理人员的素质等。密钥系统的安全强度总是取决于系统最薄弱的环节，因此，再好的技术，如果失去了必要的管理，终将会失去意义。因此，要通过健全相应制度以及加强对人员的教育、培训，使密钥安全得到增强。

8.5.2　密钥管理原则

密钥管理是一个庞大且烦琐的系统工程，必须从整体上考虑，从细节着手，严密细致地设计、实施，充分完善地测试、维护，这样才能较好地解决密钥管理问题。为此，密钥管理须遵循以下原则。

1. 区分密钥管理的策略和机制

密钥管理策略是密钥管理系统的高级指导，策略着重于原则指导，而不着重于具体实现；密钥管理机制是实现和执行策略的技术机构与方法，机制是具体的、复杂的、烦琐的。没有好的管理策略，再好的机制也不能确保密钥的安全；相反，没有好的机制，再好的策略也没有实际意义。

2. 完全安全原则

该原则是指必须在密钥的产生、存储、分发、装入、使用、备份、更换和销毁等全过程中对密钥采取妥善的安全管理。只有各个阶段都安全时，密钥才是安全的；任意一个环节出了问题，密钥就会变得不安全。也就是说，密钥的安全性是由密钥整个阶段中安全性最低的阶段决定的。

3. 最小权利原则

该原则是指只分配给用户进行某一事务处理所需的最小的密钥集合。因为用户获得的密钥越多，其权利就越大，所能获得的信息就越多。如果用户不诚信，则可能会发生危害信息安全的事件。

4. 责任分离原则

该原则是指一个密钥应当专职一种功能，不要让一个密钥兼任几种功能。如用于数据加密的密钥不应同时用于认证，用于文件加密的密钥不应同时用于通信加密。

正确的做法是，一个密钥用于数据加密，另一个密钥用于用户认证；一个密钥用于文件加密，另一个密钥用于通信加密。密钥专职的好处在于即使密钥暴露，也只会影响一种信息安全，从而可使损失最小化。

5. 密钥分级原则

该原则是指对于一个大的系统（如网络），其所需要的密钥的种类和数量都很多。应当采用密钥分级策略，根据密钥的职责和重要性，把密钥划分为几个级别。用高级密钥保护低级密钥，最高级的密钥由最安全的物理设施保护。这样做的好处是既可减少受保护的密钥的数量，又可简化密钥的管理工作。

6. 密钥更换原则

该原则是指密钥必须定期更换，否则，即使采用很强的密码算法，只要攻击者截获足够多的密文，密钥被破译的可能性就非常大。理想的做法是一个密钥只使用一次，但一次一密是不现实的。密钥更换的频率越高，越有利于安全，但密钥的管理就会变得越复杂。在实际应用时，应当在安全和效率之间折中。

7. 密钥应当有足够的长度

密码安全的一个必要条件是密钥有足够的长度。密钥越长，空间就越大，攻击就越困难，因而也就越安全；但密钥越长，用软硬件实现时，所消耗的资源就越多。因此，密钥管理策略要在安全和效率之间折中选取。

8. 密码体制不同，密钥管理也不同

由于传统密码体制与非对称密码体制是性质不同的两种密码，因此，它们在密钥管理方面也有很大的不同。

8.5.3 密钥管理流程

1. 密钥生成

密钥长度应该足够大。一般来说，密钥长度越大，对应的密钥空间就越大，攻击者使用穷举法猜测密码的难度就越大。由自动处理设备生成随机的比特串是好密钥，选择密钥时，应该避免选择一个弱密钥。对公钥密码体制来说，密钥生成更加困难，因为密钥必须满足某些数学特征。密钥生成可以通过在线或离线的交互协商方式实现，如密码协议等。

通常，密钥生成需要通过密钥生成器，借助某种噪声源，产生具有较好统计分析特性的序列，以保障生成密钥的随机性和不可预测性，然后再对这些序列进行各种随机性检验，以确保其具有较好的密码特性。不同的密码体制或密钥类型，其密钥的具体生成方法一般是不同的。密钥可能由用户自己选择生成，也可能是由可信的系统分发。算法的安全性依赖于密钥，如果密钥的生成方法不好，那么，整个系统都将面临安全威胁。

2. 密钥分发

采用对称加密算法进行保密通信，需要共享同一密钥。通常是系统中的一个成员先选择一个秘密密钥，然后把它传送给其他成员。X9.17 标准描述了两种密钥：密钥加密密钥和数据密钥。密钥加密密钥用于加密其他需要分发的密钥；而数据密钥只对信息流进行加密。密钥加密密钥一般通过手工分发，为增强保密性，也可以将密钥分成许多不同的部分，然后通过不同的信道发送出去。

3．验证密钥

密钥附着一些检错和纠错位来传输，当密钥在传输过程中发生错误时，很容易被检查出来；如果需要，密钥可被重传。接收端也可以验证接收的密钥是否正确。发送方用密钥加密一个常量，然后把密文的前 2～4 字节与密钥一起发送。在接收端，做同样的工作，如果接收端解密后的常数能与发送端的常数匹配，则表示传输无错。

4．更新密钥

更新密钥是指在密钥的有效期截止之前，新的密钥替代使用中的密钥。更新的原因可能是密钥使用有效期将到，也可能是正在使用的密钥出现泄露。当密钥需要频繁地改变时，频繁地进行新的密钥分发就会变成一件困难的事，一种比较简单的解决办法是从旧的密钥中产生新的密钥。我们可以使用单向函数来更新密钥，如果双方共享同一个密钥，并用同一个单向函数进行操作，就会得到相同的结果。

5．密钥存储

密钥可以存储在人脑、磁卡、智能卡中，也可以被平分成两部分，一部分存入终端、另一部分存入 ROM 密钥中。还可采用类似于密钥加密的方法，对难以记忆的密钥进行加密保存。

6．备份密钥

将密钥材料存储在独立、安全的介质上，以便需要时恢复密钥。备份是密钥处于使用状态时的短期存储，为密钥的恢复提供钥源，要求以安全的方式存储密钥，防止密钥泄露，且不同等级和类型的密钥采取不同的存储方法。

密钥的备份可以采用密钥托管、秘密分割、秘密共享等方式来实现。

密钥托管要求所有用户将自己的密钥交给密钥托管中心，由密钥托管中心备份保管密钥（如锁在某个地方的保险柜里或用主密钥对它们进行加密保存），一旦用户的密钥丢失（如用户遗忘了密钥或用户意外死亡），按照一定的规章制度，可从密钥托管中心索取该用户的密钥。另外还可以用智能卡作为临时密钥托管。如 A 用户把密钥存入智能卡，当 A 用户不在时，就把它交给 B 用户，B 用户可以利用该卡做 A 用户的工作，当 A 用户回来后，B 用户交还该卡。由于密钥存放在卡中，所以 B 不知道密钥是什么。

秘密分割是把秘密分割成许多碎片，每一片本身并不代表什么，但把这些碎片放到一块，秘密就会重现出来。

秘密共享是将密钥 K 分成 n 块，每部分叫作它的"影子"，知道任意 m 个或更多的块，就能够计算出密钥 K，否则不能够计算出密钥 K，这叫作（m，n）门限（阈值）方案。目前，人们基于拉格朗日内插多项式法、射影几何、线性代数、孙子定理等提出了许多秘密共享方案。拉格朗日插值多项式方案是一种易于理解的秘密共享（m，n）门限方案。秘密共享解决了两个问题：一是若密钥偶然或有意地被暴露，整个系统将易受攻击；二是若密钥丢失或损坏，系统中的所有信息将不可用。

7．密钥有效期

加密密钥不能无限期地使用，有以下几个原因：密钥使用时间越长，泄露的机会就越大；如果密钥已泄露，那么密钥使用越久，损失就越大；密钥使用越久，人们采用穷举法，对用同一密钥加密的多个密文进行密码分析就越容易。因此，不同密钥应有不同的有效期，数据密钥的有效期主要依赖于数据的价值和给定时间里加密数据的数量，价值与数据传送率越大，所用的密钥更换越频繁。

密钥加密密钥无须频繁更换，因为它们只是偶尔被用作密钥交换。在某些应用中，加密密钥只须一月甚至一年更换一次，用来加密保存数据文件的加密密钥不能经常性变换。通常是每个文件用唯一的密钥加密，然后再用密钥加密密钥把所有密钥加密。密钥加密密钥要么被记忆下来，要么保存在一个安全地点。当然，丢失该密钥意味着丢失所有的文件加密密钥。公开密钥密码应用中私钥的有效期是根据应用的不同而变化的。用作数字签名和身份识别的私钥必须持续数年（甚至终身），用作抛掷硬币协议的私钥在协议完成之后就应该立即销毁。即使期望密钥的安全性持续终身，两年更换两次密钥也是必要的。旧密钥仍须保密，以备用户需要验证从前的签名。但是新密钥将用作新文件签名，以减少密码分析者所能攻击的签名文件数目。

8. 销毁密钥

当不再需要保留密钥或与密钥相关联的内容时，这个密钥应当注销，同时须销毁密钥的所有副本，清除所有与该密钥相关的痕迹。

8.5.4　密钥管理技术

1. 对称密钥管理

对称加密是基于共同保守秘密来实现的。采用对称加密技术的双方，必须要保证采用的是相同的密钥，要保证彼此密钥的交换是安全可靠的，同时还要设定防止密钥泄密和更改密钥的程序。这样，对称密钥的管理和分发工作将会变成一个潜在危险的和烦琐的过程。通过公开密钥加密技术实现对称密钥的管理，可使相应的管理变得简单和安全，同时，还可解决纯对称密钥模式中存在的可靠性问题和鉴别问题。发送方可以为每次交换的信息生成唯一一把对称密钥，并用公开密钥对该密钥进行加密，然后再将加密后的密钥和用该密钥加密的信息一起发送给相应的接收方。由于每次信息交换都对应生成了唯一一把密钥，因此，各贸易方就不再需要对密钥进行维护和担心密钥泄露或过期。这种方式的另一优点是，即使泄露了一把密钥，也只会影响一笔交易，而不会影响双方之间所有的交易关系。这种方式提供了贸易伙伴间发布对称密钥的一种安全途径。

2. 公开密钥管理/数字证书

贸易伙伴间可以使用数字证书（公开密钥证书）来交换公开密钥。ITU 制定的标准 X.509 对数字证书进行了定义。该标准等同于 ISO 与 IEC 联合发布的 ISO/IEC 9594-8:195 标准。

数字证书通常包含唯一标识证书所有者（即信息所有者）的名称、唯一标识证书发布者的名称、证书所有者的公开密钥、证书发布者的数字签名、证书的有效期及证书的序列号等。

证书发布者一般被称为证书管理机构，它是各方都信赖的机构。数字证书能够起到标识的作用，是目前电子商务领域广泛采用的技术之一。

3. 密钥管理相关的标准规范

国际上有关的标准化机构都在着手制定关于密钥管理的技术标准规范。ISO 与 IEC 下属的第 1 联合技术委员会（Joint Technical Committee 1，JTC 1）已起草关于密钥管理的国际标准规范。该规范主要由 3 部分组成：一是密钥管理框架，二是采用对称技术的机制，三是采用非对称技术的机制。该规范现已进入国际标准草案表决阶段，并将很快成为正式的国际标准。

数字签名是公开密钥加密技术的另一类应用。它的主要方式是：报文的发送方从报文文本中生成一个 128 位的散列值（或报文摘要）。发送方用自己的专用密钥对这个散列值进行加密，形成发送方的数字签名。然后，这个数字签名将作为报文的附件，与报文一起发送给报文的接收方。报文的接收方首先从接收到的原始报文中计算出 128 位的散列值（或报文摘要），接着再用发送方的公开密钥来对报文附加的数字签名进行解密。如果两个散列值相同，那么，接收方就能确认该数字签名是发送方的。通过数字签名，能够实现对原始报文的鉴别和不可抵赖性。ISO/IEC JTC 1 已在起草有关的国际标准规范。该标准题目初步定为"信息技术安全技术带附件的数字签名方案"，由概述和基于身份验证的机制两部分构成。数字签名的原理图如图 8-3 所示。

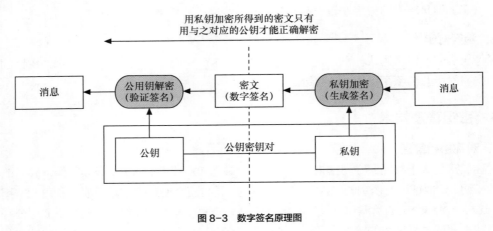

图 8-3　数字签名原理图

8.6　本章小结

密码学是研究编制密码和破译密码的技术科学。研究密码变化的客观规律，应用于编制密码以保守通信秘密的，称为编码学；应用于破译密码以获取通信情报的，称为破译学；二者总称为密码学。

本章对密码学中的对称密码体制、非对称密码体制进行了详细介绍。对序列密码体制的结构框架、m 序列的相关概念、特性、应用以及非线性反馈移位寄存器的相关内容进行了概括总结。介绍了 RFID 的安全认证协议以及身份认证协议，最后着重介绍了密钥管理的发展历程及密钥管理技术。

8.7　思考与练习

1. 简述密码学的概念。
2. 简述对称密码技术加密方案的组成部分。
3. 简述流密码的概念及其分类
4. 简述 m 序列的特性。
5. 简述密钥管理的流程。

RFID 的标准体系

09 chapter

本章导读

随着物联网全球化的迅速发展和国际 RFID 竞争的日趋激烈，物联网 RFID 标准体系已经成为企业和国家参与国际竞争的重要砝码。如果说一个专利影响的是一个企业，那么一个技术标准则会影响一个产业，一个标准体系甚至会影响一个国家的竞争力。物联网 RFID 标准体系的应用和推广，将成为世界贸易发展和经济全球化的重要推动力。

目前，还没有全球统一的 RFID 标准体系，各个厂家现存的多种 RFID 产品互不兼容，物联网 RFID 处于多个标准体系共存的阶段。现在全球存在 ISO/IEC、EPCglobal 和 UID 这 3 个主要的 RFID 标准体系，各标准体系之间的竞争十分激烈，同时多个标准体系共存也促进了技术和产业的快速发展。

本章首先概述了 RFID 标准，重点介绍了国际上 3 个主要的 RFID 标准组织机构制定的相关标准，最后介绍了我国的 RFID 标准现状。

教学目标

- 了解 RFID 标准的作用和内容。
- 了解 RFID 标准的分类。
- 掌握常用的 RFID 标准。
- 掌握 ISO/IEC 的相关标准。
- 掌握 EPC 的相关标准。
- 了解 UID 标准体系。
- 了解我国 RFID 相关标准的现状及存在的问题。

　　RFID 技术的发展对每个人的日常生活产生了广泛的影响，为了规范电子标签及阅读器的开发工作，解决 RFID 系统的互联和兼容问题，实现对世界范围内的物品进行统一管理，RFID 的标准化是当前亟须解决的重要问题，为此各个国家及国际相关组织都在积极参与和推进 RFID 技术标准的制定。

　　RFID 的标准化涉及标识编码规范、操作协议及应用系统接口规范等多个部分。其中，标识编码规范包括标识长度、编码方法等；操作协议包括空中接口、命令集合、操作流程等。主要的 RFID 相关规范有欧美的 EPC 规范、ISO 18000 系列标准和日本的 UID 规范。其中，ISO 标准主要定义电子标签和阅读器之间互操作的空中接口。因此，RFID 技术也存在 3 个主要的技术标准体系，即欧美的 EPC 电子产品编码标准、ISO 国际标准体系和日本的 UID 标准。目前，还未形成完善的关于 RFID 的国际和国内标准。

　　RFID 的相关标准涉及许多具体的应用，如停车场计费系统、物流管理、动物标识、货物集装箱标识以及智能卡应用等，它们均需要电子标签才能实现数据共享。目前，许多与 RFID 有关的标准正在研制中，从 EPCglobal、ISO/IEC 及 UID 到国家与地方的众多组织等都已参与 RFID 相关标准的研制。相关标准已涉及货运运输、产品包装、产品标识、电子货柜、物流管理、动物标识、食品溯源等方面。

9.1.1　标准的作用和内容

1. 标准的作用

　　标准能够确保协同工作的进行、规模经济的实现以及其他许多方面的工作更高效地开展。RFID 标准化的主要目的在于通过制定、发布和实施标准解决编码、通信、空气接口和数据共享等问题，最大程度地促进 RFID 技术及相关系统的应用。标准的设立时间应有所选择，如果采用得过早，则有可能会制约技术的发展；如果采用得太迟，则有可能会限制技术的应用范围，使技术应用落后于人，进而导致不必要的开销。

2. 标准的内容

　　RFID 标准的主要内容包括以下几个方面。

　　（1）技术标准

　　技术标准包含的内容很多，主要有：基本术语、物理参数、通信协议、相关设备等。

　　（2）应用标准

　　应用标准涉及 RFID 技术的具体应用，如身份识别、食品溯源、物流管理、门禁考勤等系统。并且各种不同的应用涉及不同的行业，因而应用标准还需要涉及有关行业的规范。

　　（3）数据内容标准

　　数据内容标准主要指数据结构、编码格式、语法标准、数据对象、数据存储、数据安全等相关内容的标准。

　　（4）性能标准

　　性能标准是指定义 RFID 设备的性能检测方法和设备一致性测试方法及标准，具体包括对电子标签参数、速度、电子标签阵列、方向及多电子标签检测等电子标签性能的检测方法，以及对读取距离、读取率等阅读器性能的检测方法。

9.1.2 RFID 国际标准化机构

目前，国际上 RFID 技术发展迅速，已经在很多国际大公司开始进入实际应用阶段。采用 RFID 最大的好处是可以对企业的供应链进行高效管理，以有效地降低成本。对于供应链管理应用而言，RFID 技术是一项非常适合的技术，但由于标准不统一等原因，该技术在市场中并未得到大规模的应用。标准不统一已成为制约 RFID 发展的重要因素之一。由于每个 RFID 标准中都有一个唯一的识别码，如果它的数据格式有很多种类且互不兼容，那么使用不同标准的 RFID 产品就不能通用，这对全球经济一体化的物品流通非常不利。数据格式标准问题涉及各个国家自身的利益和安全，世界各国从自身利益和安全出发，倾向于制定不同的数据格式标准，由此带来的兼容性问题和损失难以估量。如何让这些标准互相兼容，让一个 RFID 产品能顺利地在世界范围内流通，是当前亟待解决的重要问题。

RFID 标准争夺的核心主要集中在 RFID 电子标签的数据内容和编码标准上，目前国际上已经形成了一些较有实力的标准组织，分别代表了不同团体或者国家的利益。这些标准组织主要包括 EPCglobal、ISO/IEC、UID、AIM 等。

1. EPCglobal

EPCglobal 是由 UCC 和 EAN 于 2003 年共同创立的非营利性组织，其前身是自动识别中心（Auto-ID Center）。EPCglobal 利用 Internet 技术、RFID 技术和全球统一识别系统编码技术给每一个实体对象分配唯一的代码，构造实现全球物品信息实时共享的实物信息互联网，即物联网。目前 EPCglobal 已经发布了一系列技术规范，包括 EPC、电子标签规范和互操作性、识读器、电子标签通信协议、中间件软件系统接口、数据库服务器接口、对象名称服务和产品元数据规范等。

2. ISO/IEC

ISO 是一个全球性的非政府组织，主要从事国际绝大部分领域的标准化活动。IEC 也是非政府性的专门从事国际标准化工作的国际组织。IEC 曾经作为一个部门并入了 ISO，约 30 年后，于 1976 年又从 ISO 中分离出来，ISO/IEC 国际标准是由 ISO 和 IEC 联合发布的标准。

ISO/IEC 几乎在所有频段的 RFID 都颁布了相关标准。ISO/IEC 组织下面有多个分技术委员会从事 RFID 标准活动。例如：ISO/IEC 第 1 联合技术委员会/自动识别和数据采集分技术委员会（ISO/IEC JTC 1/SC 31），制定并颁布了不同频率下自动识别和数据采集通信接口的参数标准，即 ISO/IEC 18000 系列标准。识别卡与身份识别分技术委员会（ISO/IEC JTC 1/SC 17）已制定并颁布了 ISO/IEC 14443 系列标准，我国二代身份证采用的就是该标准。此外，识别和通信分技术委员会（ISO TC 104/SC4）制定了集装箱电子封装标准等。

大部分 RFID 标准都是由 ISO 或者是其与 IEC 联合组成的技术委员会或分技术委员会制定的。

3. UID

日本泛在技术核心组织（UID）公布了电子标签超微芯片部分规格，支持这一 RFID 标准的有 300 多家日本电子厂商、IT 企业。日本和欧美的 RFID 标准使用的无线频段、信息标准等有许多不同，如日本的电子标签采用的频段为 13.56 MHz 和 2.45 GHz，电子标签的信息位数为 128 位，电子标签标准常用于物流管理、信息存取以及设备的跟踪管理等，而欧美的 EPC 标准采用 UHF 频段，电子标签的信息位数为 64 位、96 位和 128 位。EPC 标准侧重于物流、仓储等方面。

UID 的设想是赋予现实世界中任何物理对象唯一的 128 位泛在识别码（U-Code）。泛在识别技术体系架构由泛在识别码、信息系统服务器、泛在通信器和 U-Code 解析服务器 4 部分构成。

近年来，日本在物流等非制造领域，基于 RFID 技术的行业产品和解决方案大量出现，为 RFID 技术在日本的应用和推广起到了积极作用。

4. AIM

AIM 组织是自动标识与数据采集组织（Automatic Identification and Data Collection，AIDC）于 1999 年成立的，其主要工作是推出 RFID 标准。AIDC 原先制定了通行全球的条码标准，但随着 RFID 的飞速发展，AIDC 希望未来有足够的能力来影响 RFID 标准的制定。AIM 在全球 13 个国家与地区设有分支机构，全球会员数已超过千余个。

除了以上 4 大标准组织以外，还有一些区域性的标准化组织，如欧洲计算机制造协会（European Computer Manufacturers Association，ECMA），在 RFID 基础上提出了近距离通信（Near Field Communication，NFC）的技术标准，并获得了欧洲电信标准协会（European Telecommunications Standards Institute，ETSI）以及 ISO/IEC 系统间通信与信息交换分会（ISO/IEC JTC 1/SC 6）的认可，发布了相应的技术标准。美国国家标准协会（American National Standards Institute，ANSI）下的美国材料搬运学会（Material Handling Institute，MHI）、国家信息技术标准化委员会（National Committee on Information Technology Standards，NCITS）等，也制定了与 RFID 技术相关的技术标准，大部分标准目前已经或者正在上升为 ISO 标准。

我国于 2005 年也提出了基于数字域名系统（Digital Domain Name System，DDNS）的 DPC（DDNS Electronic Product Code），数字域名系统是 1998 年上海通用化工技术研究所在中国专利局申请的专利，已得到批准并生效，其最终目的是建立一个全球开放的标识标准。DPC 采用一组编号来代表制造商及其产品，并唯一地标识单一商品的各种信息，它可将一维条码、二维码以及电子标签结合起来使用，是数字域名系统的典型应用之一。

9.1.3　RFID 标准的分类

一个完整的电子标签系统要能够正常工作，必须要有电子标签和阅读器设备信号之间的通信协议、无线频率的选用、电子标签编码系统和数据格式、产品数据交换协议、软件系统编程架构、网络与安全规范等标准，具体可归纳为 4 大类：电子产品编码类标准、通信类标准、频率类标准和应用类标准。

1. 电子产品编码类标准

RFID 电子标签作为一种数据载体，其存放的数据内容中最重要的是标识号。电子产品编码类标准目前主要包括 EPC、EAN/UCC、强制性国家标准 GB 18937 等。

2. 通信类标准

在 RFID 的通信类标准中，比较典型的是 ISO/IEC 18000 系列协议。有效距离一般在几厘米到上百米，通信频率范围一般在 125 kHz ～ 2.45 GHz 之间，主要使用无源电子标签，但也有用于集装箱的有源电子标签。

3. 频率类标准

RFID 电子标签与阅读器的工作频率必须匹配，RFID 电子标签常用的工作频段有多种，如 135 kHz 以下、13.56 MHz、860～960 MHz、2.45 GHz 及 5.8 GHz 等，这些频段应用的 RFID 系统一般都有相应的国际标准予以支持。

4. 应用类标准

RFID 在行业上的应用标准包括物流管理、动物识别、道路交通、集装箱识别、产品包装、自动识别等方面。例如，ISO 农林拖拉机和机械/农业电子分会制定的标准 ISO TC 23/SC 19 WG3 是应用于动物识别的标准，ISO / TC 133 是应用于服装尺码系统的标准，ISO / TC 171 是应用于文件管理的标准，ISO / TC 181 是应用于玩具安全的标准，ISO TC 204 是应用于道路交通智能运输系统的标准，ISO TC 104 是应用于集装箱运输的标准，ISO/IEC JTC 1 SC 31 是应用于自动识别与数据采集的标准，ISO/IEC 18000 是应用于物品管理的 RFID 技术系列标准，ISO/IEC JTC 1 SC 17/WG 8 是识别卡非接触式集成电路标准等。

9.1.4 RFID 标准多元化的原因

RFID 的国际标准较多，其原因主要包括技术因素和利益因素。

1. 技术因素

（1）RFID 的工作频率和信息传输方式

RFID 工作频率分布在从低频到微波的多个频段中，频率不同，采用的技术就不同。即使是同一频率，由于采用的调制方式不同，也会形成不同的标准。

（2）感应距离

根据感应距离的不同，通常可将电子标签工作方式分为无源工作方式和有源工作方式；而根据 RFID 系统不同的感应距离，工作方式又可分为近距离的电感耦合工作方式和远距离的基于微波的反向散射耦合工作方式。

（3）载波功率的差异

例如，同为 13.56 MHz 工作频率的 ISO/IEC 14443 标准和 ISO/IEC 15693 标准，由于感应距离不同，阅读器输出的载波功率也不同。

（4）应用目标不同

RFID 有着广泛的应用，而不同的应用场合，其存储的数据编码、外观和封装形式、工作频率、作用距离、技术原理等都会有很大的差异。例如，动物识别和商品识别、物流运输的车辆识别计费和超市商品的识别计费等之间都存在着较大的不同。

（5）新技术的不断发展

新技术的出现和相关应用行业的进步，推动了标准的不断完善和发展；此外，标准也需要不断融入并与各个行业相结合，以构成新的标准。

2. 利益因素

仅是标准中的知识产权就会给相应的国家和企业带来巨大的经济效益和就业机会。虽然标准是透明和公开的，但由谁来制定和主导却会产生不同的结果。因此，标准的多元化与标准之争也是这些利益之争的必然反映。

9.2.1 ISO/IEC 的标准体系

ISO/IEC 已出台的 RFID 标准主要关注基本的模块构建、空中接口、涉及的数据结构及其实施问题，具体可以分为技术标准、数据结构标准、性能标准及应用标准 4 个方面，如表 9-1 所示。

表 9-1 ISO/IEC 已制定的 RFID 相关标准

标准类型	标准号	标准名称/内容
技术标准	18000-1	空中接口一般参数
	18000-2	低于 135 kHz 频率的空中接口参数
	18000-3	13.56 MHz 频率下的空中接口参数
	18000-4	2.45 GHz 频率下空中接口参数
	18000-5	5.8 GHz 频率下空中接口参数
	18000-6	860～960 MHz 频率下空中接口参数
	18000-7	433.92 MHz 频率下空中接口参数
	10536	密耦合非接触集成电路卡（Close Coupled Cards）
	15693	疏耦合非接触集成电路卡（Vicinity Cards）
	14443	近耦合非接触集成电路卡（Proximity Cards）
数据结构标准	15424	数据载体/特征标识符
	15418	EAN/UCC 应用标识符及 ASC MH10 数据标识符
	15434	大高容量 ADC 媒体用的传送语法
	15459	物品管理的唯一 ID（第 1 部分：技术标准；第 2 部分：规程标准）
	15961	数据协议：应用接口
	15962	数据编码规则和逻辑存储功能的协议
	15963	RFID 电子标签的唯一标识
性能标准	18046	RFID 设备性能测试方法
	18047	有源/无源 RFID 设备一致性测试方法
应用标准	10374	货运集装箱电子标签（自动识别）
	18185	货运集装箱电子封条 RFID 通信协议
	11784	基于动物的无线 RFID 代码结构
	11785	基于动物的无线 RFID 技术准则
	17358	应用需求
	17363	货运集装箱
	17364	可回收运输单品
	17365	运输单元
	17363	产品包装
	17364	产品标识

其中，ISO/IEC 17363～17364 是一系列物流容器识别的规范，它们还未被认定为标准。该系列内的每种规范都用于不同的包装等级，比如货盘、货箱、纸盒与其他物品。

ISO/IEC 18000 系列包括了有源和无源 RFID 技术标准，主要应用于基于物品管理的 RFID 空中接口参数标准。

目前，我国常用的两个 RFID 标准即用于非接触智能卡的两个 ISO 标准：ISO/IEC 14443 和 ISO/IEC 15693。下面主要介绍 ISO/IEC 14443 标准、ISO/IEC 15693 标准和 ISO/IEC 18000 标准。

9.2.2 ISO/IEC 14443 标准

ISO/IEC 14443 标准是为采用 13.56 MHz 工作频率的 RFID 电子标签制定的，是 ISO/IEC 最早制定的 RFID 标准之一。经过了多年的使用，该标准也成为市场化程度最高的标准。该标准用于非接触式近耦合 RFID 卡，其读写距离一般在 10 cm 以内。ISO/IEC 14443 标准按照编码方式和调制方式的不同，分别定义了 TYPE A、TYPE B 两种类型的协议。

TYPE A 和 TYPE B 两种类型的协议对应的工作方式最明显的不同在于载波调制程度的不同以及二进制数据的编码方法不同。

TYPE A 信号区别明显，易于检测，抗干扰能力强；TYPE A 的防碰撞机制要求电子标签上有相对准确的时序，因此需要在电子标签和阅读器中分别加同步时序电路；TYPE A 无法实现较高速度的数据传递，即速度较慢。

TYPE B 信号区分度不明显，容易产生误读和误写，因此抗干扰能力较差。TYPE B 电子标签可以从阅读器获得持续的能量；TYPE B 的防碰撞机制可以用软件来实现。

目前，TYPE A 和 TYPE B 在市场上的表现各有不同，TYPE A 的产品因采用的较早，因此有更高的市场占有率，如应用较早的校园卡和公交卡等，主要采用的就是基于 ISO/IEC 14443 TYPE A 标准的产品；而 TYPE B 在读取速度、数据安全和兼容性等方面有更好的表现，并且更适用于 CPU 卡，目前我国二代居民身份证采用的就是 ISO/IEC 14443 TYPE B 标准。

9.2.3 ISO/IEC 15693 标准

与 ISO/IEC 14443 标准相同的是，ISO/IEC 15693 标准也是为 13.56 MHz 工作频率的 RFID 电子标签制定的，是一种疏耦合非接触 RFID 技术标准，它是 ISO/IEC 最早制定的 RFID 标准之一。其市场化接受程度也很高，早期主要应用于楼宇自动化的门禁系统和考勤系统。相较于 ISO/IEC 14443 标准，ISO/IEC 15693 应用更灵活，读取距离更远，最大读取距离可达 1 m。它与 ISO/IEC 18000-3 兼容。我国的国家标准与 ISO/IEC 18000 大部分都能兼容。

RFID 的核心是防碰撞技术，ISO/IEC 15693 采用轮寻机制、分时查询的方式实现防碰撞。

9.2.4 ISO/IEC 18000 标准

ISO/IEC 18000 是关于 RFID 空中接口技术指标的系列标准，也是最常用和最关键的标准，ISO/IEC 18000 系列标准分别规定了 RFID 电子标签和阅读器之间的命令格式、信号格式、编码和解码规范、读取多电子标签时的防碰撞协议等内容，提供了全面的 RFID 设备空中接口通信的规范。该标准覆盖了 RFID 应用的常用频段，如 125～134.2 kHz、13.56 MHz、433.92 MHz、860～960 MHz、2.45 GHz、5.8 GHz 等，具有广泛的通用性。

ISO/IEC 18000 标准系列包括 ISO/IEC 18000-1～ISO/IEC 18000-7 共 7 个部分，其中

ISO/IEC 18000-1 是一个基本协议，它规定了空中接口的一般参数，ISO/IEC 18000-2～ISO/IEC 18000-7 这 6 个部分主要是用于规范不同频段下的空中接口技术指标。ISO/IEC 18000 标准各个部分的作用如表 9-2 所示。

ISO/IEC 18000-6 标准包含 TYPE A 和 TYPE B 两种模式，阅读器应支持这两种模式，并能在这两种模式之间进行切换。电子标签应至少支持其中一种模式。电子标签向阅读器的信息传输基于反向散射工作方式。在 TYPE A 模式中，防碰撞算法基于动态时隙 ALOHA 算法；数据交换、防碰撞依靠一组命令和相应的应答实现。在 TYPE B 模式中，阅读器向电子标签的数据传输采用曼彻斯特编码，防碰撞算法基于二进制树型搜索算法；数据交换、防碰撞依靠一组命令和相应的应答来实现。

ISO/IEC18000-7 标准中阅读器和电子标签之间的通信使用窄带 UHF 频段，采用 FSK 调制方法，数据编码采用曼彻斯特编码，防碰撞采用动态时隙 ALOHA 算法，数据传送以帧的形式组织，以一组命令和应答实现防碰撞和数据交换。

ISO/IEC 18000 规定了空中接口技术指标，如工作模式、工作频率、调制方式、数据编码、数据传输速率、编码长度、校验方式、标签识读数目等，主要的技术指标见表 9-2。

表 9-2　ISO/IEC 18000 主要的空中接口技术指标

工作模式		工作频率	调制方式	数据编码	数据传输速率（kbit/s）	编码长度（bit）	校验方式	标签识读数目
ISO/IEC 18000-2	TYPE A	125 kHz ± 4 kHz	ASK	PIE，Manchester	4.2	64	CRC-16	2^{64}
	TYPE B	134.2 kHz ± 8 kHz	ASK，FSK	PIE，NRZ	8.2，7.7	64	CRC-16	2^{64}
ISO/IEC 18000-3	Model 1	13.56 kHz ± 7 kHz	ASK，PPM	Manchester	1.65，26.48，6.62，26.48	64	CRC-16	2^{64}
	Model 2	13.56 kHz ± 7 kHz	PJM，BPSK	MFM	105 94	64	CRC-16 CRC-32	>3200
ISO/IEC 18000-4	Model 1	2400～2483.5 MHz	ASK	Manchester，FMO	30～40	64	CRC-16	≥250
	Model 2	2400～2483.5 MHz	GMSK，CW，Differential BPSK	Shortened Fire，Manchester	76.8，384	32	用不同的 CRC 检测	由系统安装配置决定
ISO/IEC 18000-6	TYPE A	860～960 MHz	ASK	PIE，FMO	33	64	CRC-16	≥250
	TYPE B	860～960 MHz	ASK	Manchester bi-phase，FMO	10，40	64	CRC-16	≥250
ISO/IEC 18000-7		433.92 MHz	FSK	Manchester	27.7	32	CRC-16	3000

表 9-2 中，PPM 为脉冲位置调制（Pulse-Position Modulation，PPM），PIE 为脉冲间隔编码（Pulse Interval Encoding，PIE），MFM 为改进型调频制（Modified Frequency Modulation，MFM），GMSK 为高斯最小频移键控（Gaussian Minimum Shift Keying，GMSK），CW 为等幅电报通信（Continuous Wave，CW）或连续波，FMO 为灵活宏块排序（Flexible Macroblock Ordering，FMO）。

9.3　EPCglobal 的相关标准

9.3.1　EPCglobal 的 RFID 标准体系

EPCglobal 是以美国和欧洲为首、全球很多企业和机构参与的 RFID 标准化组织。它属于联盟性的标准化组织，在 RFID 标准制定的速度、深度和广度方面都非常出色。目前，EPCglobal 已在中国、加拿大和日本等国建立了分支机构，专门负责 EPC 的分配与管理、EPC 相关技术标准的制订、EPC 相关技术在本国的宣传普及以及推广应用等工作。

为了实现上述目标，EPCglobal 制定了标准开发过程规范。它规范了 EPCglobal 各部门的职责以及标准开发的业务流程。对递交的标准草案进行多方审核，技术方面的审核内容包括防碰撞算法性能、应用场景、电子标签芯片占用面积、阅读器复杂度、密集阅读器组网以及数据安全 6 个方面，以确保制定的标准具有很强的竞争力。下面分别介绍 EPCglobal RFID 标准体系框架和相应的 RFID 技术标准。

9.3.2　EPCglobal RFID 标准体系框架

在 EPCglobal 标准组织中，体系架构评估委员会（Architecture Review Committee，ARC）的主要工作是制定 RFID 标准体系框架，并在各个 RFID 标准之间进行协调，使它们符合 RFID 标准体系框架要求。

EPCglobal 体系架构评估委员会首先根据要求，制定了 EPCglobal RFID 典型应用系统体系框架的一种抽象模型，它包含 3 种主要标准，具体内容介绍如下。

1. EPC 物理对象交换标准

用户能够与带有 EPC 编码的物理对象进行信息交互。对于 EPCglobal 用户来说，物理对象是物品，用户是该物品流通环节中的成员。EPCglobal RFID 体系框架定义了 EPC 物理对象交换标准，以确保当用户将一类物理对象信息交换给另一个用户时，另一个用户能够按照该物理对象的 EPC 编码，准确地获得该物品的相关信息。

2. EPC 基础设施标准

为实现 EPC 数据的共享，每个用户为新产生的物理对象进行 EPC 编码，通过监控和跟踪为物理对象提供的 EPC 编码，将采集的信息记录到 EPC 基础设施内的网络中。EPCglobal RFID 体系框架的基础设施标准定义了用于进行 EPC 数据采集和记录的主要设施的信息接口标准，从而使用户可以通过数据接口构建各自的内部系统。

3. EPC 数据交换标准

用户通过数据的交换，可以实现物品在物流流通环节的信息公开。EPCglobal RFID 体系框架定义了 EPC 数据交换标准，为用户的 EPC 信息数据共享提供了方法，并为用户建立了 EPCglobal 核心业务的访问机制和其他业务系统的访问方法。

进一步，EPCglobaI 体系架构评估委员会从 RFID 应用系统中，概括出多个用户之间的 EPCglobal 体系框架，如图 9-1 所示。单个用户内部的 EPCglobal 体系框架，如图 9-2 所示。

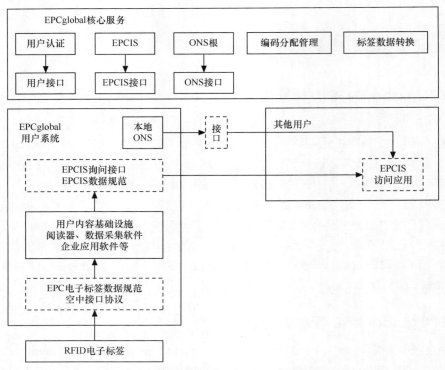

图 9-1　多个用户之间的 EPCglobal 体系框架

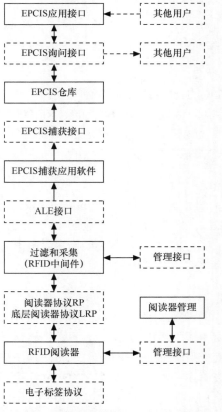

图 9-2　单个用户内部的 EPCglobal 体系框架

多个用户之间 EPCglobal 体系框架是 EPCglobal 体系中多个用户交换 EPC 信息的框架模型，它为所有用户的 EPC 信息共享提供了一个共同的平台，各个 RFID 系统用户可以通过它实现信息的共享和交互。该框架包括了用户认证接口、电子产品代码信息服务（EPC Information Service，EPCIS）接口、对象名称解析服务（Object Naming Service，ONS）接口、编码分配管理和电子标签数据转换。

由图 9-2 可知，即使是一个用户系统也可能包括多个 RFID 阅读器和应用终端，并能形成一个分布式的网络。在保证阅读器性能控制与管理以及阅读器设备管理的条件下，不仅须确保主机与阅读器、阅读器与电子标签之间的信息交互，还须确保用户系统内部与核心系统、与其他用户之间的信息交互，以及不同厂家设备之间的兼容性。

模型图中实线框代表实体单元，通常可以表示应用软件、管理软件和中间件等软件部分，也可以是电子标签、阅读器等硬件设备；虚线框表示各种接口单元，它是实体单元之间信息交互的接口。体系结构框架模型清晰地表达了实体单元以及实体单元之间的交互关系，实体单元之间通过接口实现信息交互。接口是通用标准中对象进行数据交换的途径和方法，符合实体单元接口标准的信息可以进行数据交互，这极大地方便了不同厂家按照自己的 RFID 技术参数和特点来实现产品的研发，为产品研发带来了很大的灵活性和不同应用的特殊性。实线框与虚线框的关系相当于组件中组件实现与组件接口的关系，接口相对稳定，而组件的实现可以根据技术特点与应用要求由企业自己来决定。

EPCglobal 体系框架中实体单元的主要功能如下。

（1）RFID 电子标签

RFID 电子标签用于存储 EPC 编码，还可能存放其他数据；它可以支持阅读器的识别、数据的读/写操作等。电子标签可以是有源标签，也可以是无源标签。

（2）RFID 阅读器

RFID 阅读器的功能是从一个或多个电子标签中读取或写入数据，并将这些数据传送给主机等。

（3）阅读器管理

阅读器管理是指监控一台或多台阅读器的运行状态，或对一台或多台阅读器进行配置和管理等。

（4）RFID 中间件

RFID 中间件在硬件、操作系统以及应用程序之间提供通用服务，这些服务通常具有标准的程序接口和协议，以便于阅读器接收电子标签数据和对数据进行处理等。

（5）EPCIS 信息服务

EPCIS 信息服务是指为 EPCIS 访问和 EPC 相关数据信息存储提供的信息服务，一般应具有高性能的数据存储和快捷的数据处理过程，并支持多种查询方式，EPC 系统内用户可以通过它方便地进行 EPC 读写和查询等相关数据。

（6）ONS 根

ONS 根为查询提供原始点根服务查询；允许本地 ONS 服务器通过 ONS 根服务进行查找。

（7）编码分配管理

编码分配管理是指通过维护 EPC 管理者编号的全球唯一性来确保 EPC 二编码的唯一性等。

（8）标签数据转换

标签数据转换功能提供了一个可以在 EPC 二编码之间转换的接口，它可以使另一个用户通过基础设施部件自动识别出新的 EPC 格式。

（9）用户认证

用户认证功能用于验证 EPCglobal 用户的身份标识等方面。

（10）ALE 接口

应用层事件（Application Level Event，ALE）接口可以对服务接口进行抽象处理，各应用程序可以通过 ALE 查询引擎、接收和写入阅读器数据。

9.3.3 EPCglobal RFID 标准

EPCglobal 制定的 RFID 标准包括数据的采集、信息的发布、信息资源的组织管理和信息服务的发现等。除此之外，部分实体单元实际上也可组成分布式网络，如阅读器和中间件等，为了实现阅读器与中间件的远程配置、状态监视、性能协调等就会产生管理接口。

EPCglobal 的主要标准介绍如下。

（1）EPC 标签数据规范：规定了 EPC 编码结构，包括所有编码方式的转换机制等。

（2）空中接口协议：规范了电子标签与阅读器的之间命令和数据交互方式，它与 ISO/IEC 18000 - 3、18000 - 6 标准对应，其中 UHF Class1 Gen2 已经成为 ISO/IEC 18000 - 6 TYPE C 标准。

（3）阅读器数据协议：该协议制定的目的是建立主机（即中间件或应用程序）与阅读器之间的数据与命令交互接口。其目标是建立一个使主机能够独立于阅读器、阅读器与电子标签之间的接口协议，使不同类型的条码阅读器和 RFID 阅读器适用于条码接口协议和 RFID 空中接口协议。该协议包含 3 层功能。

① 阅读器层规定了阅读器与主机交换消息的格式和内容，它是阅读器协议（Reader Protocol，RP）的核心，定义了阅读器所执行的功能。

② 消息层规定了网络连接的建立、同步的消息初始化、安全服务初始化、帧的构建与转换、传输层信息传送、身份鉴别、授权、消息加密以及完整性检验等安全服务等。

③ 传输层对应于传输控制协议/网际协议（Transmission Control Protocol/Internet Protocol，TCP/IP）体系结构的传输层。

（4）低层阅读器协议（Low Level Reader Protocol，LLRP）：该协议是阅读器协议的补充，负责阅读器性能的管理与控制，可使阅读器协议专注于数据交换。该协议为用户控制和协调阅读器的空中接口协议参数提供通用接口规范，可以配置和监视 ISO/IEC 18000-6 TYPE C 中防碰撞算法的各种参数设置，并可控制和监视整个阅读器的控制过程。在具有多个阅读器的场合，可通过调整阅读器的工作参数建立防碰撞机制，提高阅读的速度。

（5）阅读器管理协议：常用于阅读器运行状态的管理，管理读取的电子标签数、阅读器连接状态等。它是一个阅读器管理接口，定义了阅读器的访问与配置方式、RFID 设备简单网络管理协议（Simple Network Management Protocol，SNMP）和管理信息库（Management Information Base，MIB）。

（6）应用层事件（Application Level Events，ALE）标准：ALE 标准是 EPC 物联网架构中针对中间件的标准，定义了 RFID 软件接收和写入阅读器数据的方法。ALE 基于面向服务的架构（Service-Oriented Architecture，SOA），可以对服务接口进行抽象处理。应用可以通过 ALE 查询引擎，可将网络协议或者设备视为一个黑盒进行操作。

（7）EPCIS 捕获接口协议：提供一种传输 EPCIS 事件的方式，包括 EPCIS 仓库、网络 EPCIS 访问程序以及伙伴 EPCIS 访问程序。

（8）EPCIS 询问接口协议：提供 EPCIS 访问程序从 EPCIS 仓库或 EPCIS 捕获应用中得到 EPCIS 数据的方法等。

（9）EPCIS 发现接口协议：提供锁定所有可能含有某个 EPC 相关信息的 EPCIS 服务的方法。

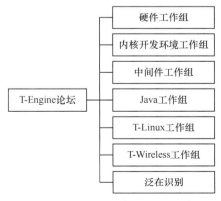

（10）TDT 电子标签数据转换框架：提供了一个可以在 EPC 编码之间进行转换的文件，可使终端用户的基础设施部件自动识别新的 EPC 格式。

（11）用户验证接口协议：验证一个 EPCglobal 用户的身份等。

（12）物理标记语言（Physical Marking Language，PML）：PML 是基于可扩展标记语言（Extensible Markup Language，XML）发展而来的，可用于定义物品的特征信息，如物品的物理位置、坐标、特性等信息。其目标是为物理实体提供一种简单、通用的描述语言，方便进行远程监控和环境监控等管理。PML 可广泛应用于物流管理、仓储管理、供应链管理、货物跟踪等方面。

9.3.4 EPCglobal 与 ISO/IEC RFID 标准的关系

ISO 或者其与 IEC 联合组成的技术委员会或分技术委员会制定了大部分 RFID 标准。RFID 在不同的行业领域内的应用标准由其下属不同的子委员会完成制定。

EPCglobal 主要关注 UHF 860～960 MHz 频段，在范围上有一定的局限性，而 ISO/IEC 在几乎所有频段都制定了相关标准。EPCglobal 在 UHF 频段制定的 EPC 电子标签数据规范、空中接口协议、低层阅读器控制协议、阅读器数据协议、阅读器管理协议和应用层事件标准等，都与 ISO 标准体系保持兼容。其中，ISO/IEC18000 - 6 TYPE C 就是以 EPCglobal UHF 空中接口协议为框架建立的，而低层阅读器控制协议则成为了 ISO/IEC 24791 软件体系框架中设备接口的主要参照。

与 ISO/IEC 通用性 RFID 标准相比，EPCglobal 标准体系更倾向于面向物流供应链领域。EPCglobal 注重信息在供应链中的交互，为此制定的 EPC 中间件规范、对象名解析服务、物理标记语言等物联网信息交互相关标准。EPCglobal 旨在通过信息技术加强供应链的全过程管理，增强供应链的透明性和可追溯性，通过其制定的 EPC 编码标准，可以实现为每个单件物品提供一个唯一的标识。

EPCglobal 以联盟形式参与了 ISO/IEC RFID 标准的制定工作，相关的 EPCglobal RFID 标准还会随着新技术的变化而不断完善。ISO/IEC 已经完成了电子标签数据采集的 RFID 技术标准的制定，采集后的标签数据处理、安全共享和 RFID 设备管理等标准尚未完成制定。

9.4 UID 的相关标准

日本于 20 世纪 80 年代中期开展了电子标签方面的研究，在以 T-Engine（T-Engine 是由日本东京大学研究生院坂村健教授指导建立的，是指能够在短时间内高效开发嵌入式实时系统的标准平台）为核心体系架构的基础上建立了实时嵌入式操作系统（The Real-time Operating-System Nucleus，TRON），并在日本政府经济省和总务省以及大企业的支持下，于 2003 年 3 月成立了泛在识别中心（UID）。泛在识别中心希望通过建立物品唯一的泛在识别码 U-Code，利用计算机进行自动识别，形成一个能将现实物品与信息技术中的虚拟物品相对应的高端技术—— 泛在网络 ID 技术。T-Engine 论坛的工作组构成如图 9-3 所示。

UID 技术所创建的对象是人、物体、环境 3 个要素，它综合运用 RFID 技术、通信技术和网络技术等向

图 9-3　T-Engine 论坛的工作组构成

某个区域的人员提供帮助、如通过在盲人道上埋设 RFID 电子标签，让盲人使用带有电子标签读写功能的拐杖进行感应，以获取帮助信息；在旅游风景区设置 RFID 标签，让游客有更好的旅行体验等。相比于 EPCglobal 的 EPC 仅使用 RFID 技术对物品的特征进行识别，UID 在理念设计上比 EPC 有更为广泛的应用前景。

9.4.1　UID 标准体系

泛在识别中心的泛在识别技术体系架构由泛在识别码、信息系统服务器、泛在通信器和 U-Code 解析服务器等组成，如图 9-4 所示。

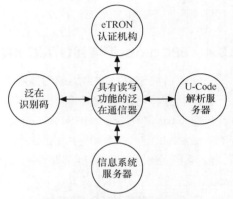

图 9-4　泛在识别技术体系架构

1. 泛在识别码和 eTRON 认证机构

U-Code 是泛在识别中心对物品的一种标识方法。首先，每个物品会按照 U-Code 编码标准得到一个 ID，该 ID 作为物品的电子身份，是后续物品被识别的基础。而 eTRON 认证机构可对该 ID 在全过程起到安全保证，它能支持接触/非接触等多种通信方式，包括智能卡和 RFID 等。

2. 泛在通信器

泛在通信器（Ubiquitous Communicator，UC）的主要功能是构建一个识别系统，其主要由 RFID 电子标签、阅读器和无线网络通信设备等组成。泛在通信器读取电子标签的 U-Code 码信息，并将 U-Code 码信息传送到 UID 中心的 U-Code 解析服务器，即可获得附有该 U-Code 码的物品的存储位置。利用泛在通信器进行查找时，可通过信息系统服务器和产品信息数据库获取物品的有关信息。

3. 信息系统服务器

信息系统服务器存储了 U-Code 相关的各种信息，并提供相关信息服务。由于 U-Code 在早期采用了 eTRON 的安全体系，因此保证了泛在识别码具有防复制、防伪造的特性，并且信息数据能够在分散的系统框架中安全地流通和工作。

信息系统服务器具有高可靠性和硬件节点的抗破坏性，它使用基于公钥基础设施技术的虚拟专用网，防止信息数据或文件被非法打开或复制。而经过 eTRON 安全体系处理过的 U-Code 码，则能够通过各种通信网络接入信息系统服务器。

4. U-Code 解析服务器

U-Code 解析服务器以 U-Code 码为主要信息，可对 U-Code 码中的相关信息服务的系统地址进行检索，以确定与 U-Code 相关的信息存放在哪个信息系统服务器上。由于商业运营的需要，在世界各地分布了大量的 U-Code 电子标签，因此也需要有庞大的 U-Code 解析服务器提供服务，并建立大量的分散的 U-Code 目录数据库，以维持 U-Code 信息的解析服务，此外也对其与原有的解析服务器兼容性、数据加密和身份认证、个人信息安全等提出了较高的要求。其通信协议为 U-Code RP 和实体传输协议（Entity Transfer Protocol，ETP），其中，ETP 是基于 ETRON 公钥基础设施（Public Key Infrastructure，PKI）的密码认证通信协议。

9.4.2 UID 编码体系

U-Code 采用 128 位记录信息，可提供超过 3.40×10^{38} 个物品的编码，并可进一步从 128 位编码增加至 256 位或 512 位。U-Code 具有较强的兼容性，与现有的日本通用商品编码（Japanese Article Number Code，JANC）、通用商品代码（Universal Product Code，UPC）、国际标准书号（International Standard Book Number，ISBN）等多种编码（甚至 IP 地址、电话号码等）均可兼容。

U-Code 电子标签具有多种形式，包括条码、射频标签、智能卡和有源芯片等。泛在识别中心通过对标签进行分级，设立了 9 个级别的不同认证标准，参见 9.4.3 节。

1. UID 编码结构

U-Code 的基本代码长度为 128 位，根据需要能以 128 位为单位进行扩充，备有 256 位、384 位、512 位的结构。UID 编码规范如图 9-5 所示。若使用 128 位代码长度的 U-Code，则其包含的号码数量约为 3.4×10^{38} 个。

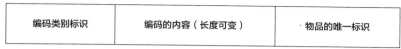

编码类别标识	编码的内容（长度可变）	物品的唯一标识

图 9-5 UID 编码规范

U-Code 标准注重编码的兼容性，由于初始阶段 U-Code 就设计了 128 位这样一个较长的位数，因此其与各种已有 ID 代码的编码体系均可兼容。可兼容的有使用条码的 JAN 码、由 UCC 制定的条码码制 UPC 编码、国际 EAN 组织标识各会员组织的 EAN 代码、ISBN 和国际标准连续出版物编号（International Standard Serial Number，ISSN）、在因特网上使用的 IP 地址以及分配在语音终端上的电话号码等各种号码或 ID。

2. UID 编码特点

为了确保在使用 U-Code 标准时各个企业之间的兼容性、独立性、安全性和可读性，U-Code 标准应具有以下主要特性。

（1）兼容性：针对不同企业生产的多种 U-Code 电子标签，使用任一厂商的 U-Code 标准进行读写，都能获取正确的信息。

（2）安全性：在泛在网络中的各种应用均能确保为用户提供安全的技术解决方案。

（3）可读性：只要是被 U-Code 标准认定的电子标签和阅读器，都能够通过 U-Code 标识来确认。

（4）频率的多样性：U-Code 标准认定的电子标签和阅读器，其读/写（Read/Write，R/W）标准可使用 13.56 MHz、950 MHz、2.45 GHz 等多种频率。

9.4.3 U-Code 电子标签分级

U-Code 电子标签在使用中受到了多种相关参数的制约，如编码类别标识长度、编码内容、物品的唯一标识信息、电子标签识别设备种类、安全性要求、识别距离等。在使用过程中，可根据电子标签以上特点进行分类，以便于进行不同级别产品的标准化。目前，电子标签主要分为 9 类：光学性 ID 标签（C1ass0）、低级 RFID 标签（Class1）、高级 RFID 标签（Class2）、低级智能标签（Class3）、高级智能标签（Class4）、低级主动性标签（Class5）、高级主动性标签

（Class6）、安全盒（Class7）和安全服务器（Class8）。

1. 光学性 ID 标签（Class0）

光学性 ID 标签是指可通过光学设备进行阅读的 ID 标签，如近年来广泛使用的条码和二维码等。

2. 低级 RFID 标签（Class1）

低级 RFID 标签在制造时已经将代码嵌入商品内，因受外形等条件限制，所以其是一种不可改变、不可复制的标签。

3. 高级 RFID 标签（Class2）

高级 RFID 标签具有简单的认证功能和访问控制功能。U-Code 代码已通过认证，具有可写入功能，且可以通过指令控制工作状态。

4. 低级智能标签（Class3）

低级智能标签内置有处理器，它通过身份认证和数据加密等方法，提高了通信的安全性等级，具有抗破坏性和端到端的访问控制功能。

5. 高级智能标签（Class4）

高级智能标签内置有处理器，它通过身份认证和数据加密等方法，提高了通信的安全性等级，具有抗破坏性、端到端访问控制和防篡改功能。

6. 低级主动性标签（Class5）

低级主动性标签属于有源标签，自带长寿命电池，工作时能够通过网络对携带的 U-Code 代码进行简单的身份认证，同时具有可写入功能，并可以进行主动通信。

7. 高级主动性标签（Class6）

高级主动性标签属于有源标签，自带长寿命电池，具有抗破坏性，它通过身份认证和数据加密来提升通信的安全性等级，并具有端到端访问保护功能，可以进行编程，也可以进行主动通信。

8. 安全盒（Class7）

安全盒是可存储大容量数据的、安全可靠的计算机节点，具有网络通信功能。安全盒设置了基于 ETP 的 ETRON ID，可以有效保护信息安全。

9. 安全服务器（Class8）

安全服务器除了具有上述 Class 7 安全盒的功能外，还采取了更加先进的保密技术，并可存储大容量的、安全的信息数据。

9.5　我国制定的 RFID 标准简介

9.5.1　我国相关标准现状

相对而言，我国的 RFID 技术与应用的标准化研究工作起步比国际上要晚一些，2003 年 2

月，由国家标准化委员会首先在药品、烟草防伪和政府采购项目上，颁布实施了强制标准《全国产品与服务统一代码编码规则》（GB 18937—2003），为中国实施产品的电子标签化管理奠定了良好的开端。

我国于 2004 年初成立"电子标签国家标准工作组"，开始制定有关"电子标签"的多项国家标准。2005 年下半年，由中国物品编码中心和信息产业部电子工业标准化研究所作为两个主要起草单位一起开始负责完成 ISO/IEC 18000 转换为国家标准的工作，ISO 18000 系列国标制定的项目如表 9-1 所示。

ISO 18000 是国际上业内共享的基础标准，ISO/IEC 18000 标准的国标制定的正式立项，对自动识别产业和终端用户应用都有好处。只有确定基础标准后，才能进一步制定电子标签和阅读器等产品和应用的标准。

RFID 的广泛应用带动了巨大的产业利益，在充分考虑我国国情和我国优势的前提下，参照或引用 ISO、IEC、ITU 等国际标准并做出本地化修改，全面建立并推出具有我国自主知识产权的电子标签标准体系，特别是在编码体系、频率划分、安全、防伪、识别等基础建设方面，可在相关应用领域大大减少和避免知识产权争议，进而掌握国家在电子标签领域发展的主动权。

9.5.2　存在的问题

随着 RFID 技术的在全球的大规模应用，由于企业在产品编码、数据格式、使用频率等方面都有所不同，因此各个企业都极力推崇和强化自己的企业标准，进而出现了市场中多种标准并存的局面，这加剧了信息共享的难度，给产业的发展带来困境。RFID 标准的兼容和统一已经成为业界亟须解决的问题之一。

RFID 系统主要由 RFID 信息采集和数据库信息管理系统两大部分组成。目前较为成熟的标准主要是关于信息采集部分的，其中包括 RFID 电子标签与阅读器之间的接口、阅读器与计算机之间的数据交换协议、RFID 电子标签与阅读器的性能和一致性测试规范，以及 RFID 电子标签的数据内容编码标准等。数据库信息管理系统与信息技术密切相关，目前并没有制定出合适的国际标准。

目前，国际上标准之争最为突出是在 860～960 MHz 的 UHF 频段，该频段的 RFID 技术适用于国际间物流管理。

我国 RFID 标准的建立起步较晚，目前还面临以下几方面的问题。

1. 标准建立的自主性

标准是知识产权最集中的体现，目前我国大多数国家标准都是参照国外标准制定的，或者直接采用国外标准。参照国际标准制定我国标准或者直接采用国际标准，这相当于强制实施国外标准，很容易使我国产业界掉入国外的专利陷阱，且今后若要改变使用标准，还要付出巨大的代价。

2. 产业发展相对滞后

目前，国际上 UHF 芯片已经得到了广泛应用，UHF 频段的电子标签封装技术和生产已经成熟，我国部分企业已能规模化生产基于 13.56 MHz 频段的芯片，但封装设备还须依靠进口。我国基本具有了 UHF 频段阅读器设计和集成制造能力，但还不能实现 UHF 频段的电子标签封装；对于 UHF 频段以上的阅读器，缺少设计、制造和封装能力。

RFID 的特性要求整个产业链必须同步发展，而我国在超高频技术、芯片制造与封装等关键环节上跟不上，造成成本居高不下，从而制约了整个产业的发展。

3. 相关应用水平有待提高

在我国 RFID 用户中，有许多是被动采用的，许多传统的生产商对 RFID 技术并没有积极采用的需求和动力，而是随着销售渠道和市场的发展要求，才不得不考虑实施 RFID。而有些生产商则是主动变革，积极参与 RFID 的新技术应用。但是不管是哪些用户，都会受到社会化和行业化的制约，如与其他商场、仓储、物流的配套问题等。RFID 技术虽然是解决这类问题的最佳方式，但是目前并未得到全社会的广泛应用，初级闭环小规模的应用无法充分体现 RFID 的优势。

4. 国际社会的压力

发达国家以标准为依据，采用以技术标准、标准和合格评定程序设置的技术性贸易措施，强化其经济和技术在国际中的竞争地位。而我国正在逐步建立自己的 RFID 标准，对现有 RFID 技术和行业应用产生影响，难免会触动标准背后潜在的庞大市场利益，必然会遭到早先提出和制定标准的一些国家的不满。

9.5.3 国家应对 RFID 标准之争应采取的策略

统计资料显示，在现行 ISO/IEC 的国际标准中，超过 99%的标准由国外机构制定，而中国参与制定的不足千分之二。我国经济的发展带动了巨大的市场需求，RFID 技术的发展对相关行业的应用也起到了积极的促进作用，尽早建立我国自己的相关体系结构标准已刻不容缓。在 RFID 标准制定上，我们必须最大可能地坚持自主知识产权，通过向国际标准借鉴、与国际标准兼容等方式，建立我国自己的 RFID 标准体系。

1. 加强与各标准组织的联系

欧美国家在产品的研究开发阶段，针对新的开发研究成果制定标准，并努力将其推荐为国际标准，力争贸易上的主动。因此，我国的相关部门和企业应积极参与国际性标准组织的各种技术活动，积极参与标准组织的标准起草、制定、研讨、修订等活动，充分进行学术研讨和交流，吸收和学习别人的先进技术和理念，同时也推广我们自己的理念和自己制定的标准，提高产品的市场占有率和影响力，使我国将来在 RFID 国际标准竞争中拥有较大的发言权。

2. 强化政府的协调作用

RFID 应用和标准的建立关系到国家多个行业主管部门，因此可组建一个由各个相关部门参与的领导小组，对与 RFID 标准有关的单位进行深入调研、沟通和协调，制定我国自己的 RFID 标准，以使 RFID 技术在相关行业和企业中得到广泛应用。减少不必要的内耗或行业壁垒，有助于尽快建立符合我国国家和企业利益的 RFID 标准体系。

3. 建立健全的法律法规

建立健全的法律法规，从法律上保护我国包括 RFID 在内的关键产业，保护和促进相关技术的发展。部分跨国公司通过发挥自己的技术、品牌和规模等优势，已经影响到了国内企业充分、自由、公平地参与市场正常竞争。所以倡导《反不正当竞争法》和修订《反垄断法》，对相关产业进行合理的保护，对于本土企业的发展意义重大。

4. 扶持本国研发力量

RFID 标准工作是一项投资大、风险高、收益慢的工作，其影响着国家信息和产业结构的优化，因此政府支持十分必要。目前，有关 RFID 的专利数目超过了 3000 种，但基本上是以欧、美、日为主的。为扭转这种局势，在 RFID 标准研制项目上，行业管理部门可充分对技术、科研力量、资金方面具备相对优势的企业或实体进行一定的帮助和支持，使其更迅速地成长起来，提高企业的竞争力和研发力量。

9.5.4　企业应对 RFID 标准之争应采取的对策

一流的企业做标准，二流的企业做品牌，三流的企业做产品。随着网络的飞速发展，新技术不断涌现，在标准的制定上很多都是由企业首先提出后，在市场的不断推动下形成了事实标准。许多知名国际企业成功地将自己的知识产权转化为标准，通过标准的推广达到减少竞争、提高行业壁垒的目的。我国的 RFID 相关企业在 RFID 标准的竞争中，也应积极主动地参与，通过各种方法强化竞争力。

1. 注重知识产权向标准的转化

标准中往往包括大量的核心技术和知识产权，一个标准的建立，离不开核心技术和知识产权的积累。因此，没有足够的技术力量以及产业的强有力支撑来投入足够的技术研发，就无法形成核心技术和自主知识产权，建立和形成标准也就会成为无源之水、无本之木。如果我们自己的标准缺少了强有力的产业支持，尤其是我国自己的企业支持，那么这个标准建立后，也无法形成有效的市场规模并产生效益。因此，我们在建立 RFID 标准的同时，也应积极开拓国内外 RFID 市场，通过市场推广和系统维护与升级，给企业带来经济利益。

2. 加强产业合作、组建广泛联盟

随着市场竞争的日益激烈，逐渐产生了市场的细化和专业的分工，企业往往只能将优势资源集中到几个甚至一个细分市场，以提高自己的专业化水平和竞争能力。而当遇到较大的项目或较大的风险时，企业就需要与其他相关企业形成联合或建立联盟，相互支持和协作以共同完成项目或者抵御风险。我国在 RFID 标准制定与产业化过程中，离不开企业的参与和支持，只有众多企业使用某一标准，以及市场上存在大量使用该标准的产品，这个标准才具有生存的空间，企业采用该标准的产品才具有生命力。因此，广泛开展国内外机构和企业之间的交流与合作，并进一步建立产业联盟，通过优势互补、强强合作等方式提高企业在 RFID 标准方面的竞争力意义重大。

3. 开放标准，提高市场认同感

随着互联网时代的到来，一个开放的标准才可能成为一个成功的标准。让更多的企业产品推广和采用一个标准，将大大降低准入条件并提高产品的兼容性，这不仅有利于产品的推广，也有利于标准的推广和应用。

RFID 标准涉及硬件设计和制造、软件开发、网络和通信、安全等多个方面，对系统的兼容性、健壮性、安全性、可扩展性等均有很高的要求，其使用几乎涉及整个产业链中的所有企业，因此 RFID 标准的制定和使用，与产业链中的企业密切相关，同时也要求必须加强企业间的开放合作，通过在国内甚至国际市场上不断提高竞争力，不断扩大市场占有率，不断提高市场认同感，使标准的使用率提高，使我们推广的标准成为一个行业的事实标准。

4. 寻求国际间的互利互惠合作

由于国外的标准组织起步较早，具有先发优势，因此我国在建立和实施自己的标准时，若能协调好与国际权威标准组织的合作，争取到更多的支持，将对我国标准的建立和实施起到良好的作用。

5．寻找合适的突破口

由于 ISO/IEC 等标准组织有关 RFID 的标准体系已经相对健全，而且他们有先天的推广优势、组织优势和技术优势，因此撇开他们的标准而完全自主开发新的 RFID 标准并主导产业的发展是不可行的，也不利于企业产品的国际化发展。RFID 标准的竞争是高新技术标准竞争的一个缩影，关系着国家利益的实现和国家发展战略的实施。因此，在 RFID 这个新兴的领域里，我们也必须尽快制定和采用标准对策，以保障企业获得正当利益。

9.6　本章小结

RFID 标准化的主要目的在于通过制定、发布和实施标准，解决编码、通信、空中接口和数据共享等问题，最大程度地促进 RFID 技术及相关系统的应用。

非接触式 IC 卡的主要标准有近耦合的 ISO/IEC 14443 标准和疏耦合的 ISO/IEC 15693 标准，它们的工作频率都是 13.56 MHz。ISO/IEC 14443 标准的空中接口有 TYPE A 和 TYPE B 两种模式。

ISO/IEC 18000 是物品识别的重要标准，它包括 ISO/IEC 18000-1 ~ ISO/IEC 18000-7 共 7 个标准，本章重点介绍了 ISO/IEC 18000-6 和 ISO/IEC 18000-7 标准。

集装箱识别的标准是 ISO/IEC 10374，电子标签以变形的 FSK 副载波信号通过反向散射调制方法来实现数据传送。集装箱密封标准 ISO/IEC 18185 对货物品名及详细规格、生物检疫等项目进行了进一步完善。

动物识别和追踪方面的主要标准有 ISO/IEC 11784、ISO/1EC 11785 和 ISO/IEC 14223。

9.7　思考与练习

1．ISO/IEC 制定的 RFID 标准可以分为哪几类？请针对各类各举一个示例。

2．RFID 标准的作用是什么？它主要涉及哪些内容？

3．ISO/IEC 18000 系列包括哪些标准？请对它们进行简要说明。

4．简述 ISO/IEC 的动物识别标准的特点。

5．ISO/IEC 的集装箱识别标准是什么？该标准的射频工作频率是多少？最大可阅读距离是多少？

6．RFID 技术标准采用了哪些 CRC 检验算法？

7．在 ISO/IEC 18000-6 标准的 TYPE A 模式中，命令可以分为哪 4 类？

8．归纳和比较 ISO/IEC RFID 标准中的防碰撞算法。

10 chapter

物联网的典型架构：EPC 系统

本章导读

在互联网的基础上，我们可以利用 RFID 技术构造一个物品信息实时共享的开放性全球网络，即电子产品编码（Electric Product Code，EPC）系统。该系统是物联网中比较具代表性的自动标识系统，其中每个物品都被赋予唯一一个 EPC 作为身份标识。在此基础上，通过通信技术进行物品标识和自动追踪的全局管理，即可构建一个全新的物联网系统。

本章将分别介绍电子产品编码、电子标签与阅读器构成的识别系统、中间件、ONS 和 EPCIS。通过本章的学习，读者可以对物联网的工作原理有一个全面的认识。

教学目标

- 掌握 EPC 编码的概念。
- 理解识别系统的工作原理。
- 了解物联网 RFID 标准体系。

10.1.1 EPC 的产生和发展

EPC 的前身是 Auto-ID 中心，由 3 所著名大学（美国的麻省理工学院、英国的剑桥大学、澳大利亚的阿得雷德大学）创建于 1999 年。世界知名的企业（如可口可乐、沃尔玛等）也陆续参与了该中心的研究。其宗旨是为人类日常生活中的每件产品赋予一个可识别的唯一的编号，EPC 电子标签则是这一个编号的物理载体，进而把 RFID 和互联网相结合。

2003 年 10 月 31 日，Auto-ID 拆分为 EPCglobal 和 Auto-ID 实验室。EPCglobal 由欧洲物品编码协会（EAN）和美国统一编码协会（Universal Product Code，UCC）合资组建，开始负责具体的 EPC 物联网标准的制定及其推广，而 Auto-ID 实验室主要负责技术研究工作。

EPC 的想法很远大，他们计划构建物流系统中的"互联网地址系统"。简单来说，如果物流系统中所有物体或电子设备都互联互通了，则每个物体或电子设备都是一个节点，每个节点都有一个独立的标记。同时，它们之间的信息交互采用统一的格式，不管在世界的哪个角落，任何公司都可以读取每个节点的信息。承载物体标记和信息的载体则是 RFID 电子标签、传感器等低成本或嵌入式的设备。这样，每件产品都可以在全球范围内被识别、定位、追踪。这种方式将把整个物流领域连成一个大网，称之为"EPC 物联网"。EPC 的设计初衷是所有的物流企业都加入这个网络，并使用统一的格式交互信息，实现全球化电子物流的"大同世界"。

10.1.2 EPC 系统的构成

EPC 系统由 EPC 系统、RFID 系统及信息网络系统 3 部分构成，如表 10-1 所示。

表 10-1 EPC 系统的构成

系统构成	名称	注释
EPC 系统	EPC 编码标准	识别目标的特定代码
RFID 系统	RFID 电子标签	电子标签贴在物品之上，与之一一对应
	RFID 阅读器	
信息网络系统	Savant（中间件）	为 EPC 系统提供信息支撑
	ONS	
	EPCIS	

RFID 系统是实现 EPC 自动采集的功能模块，主要由电子标签和阅读器组成。电子标签是 EPC 的物理载体，附着于可追踪的物品上，可以全球流通，人们可对其进行识别和读写。阅读器与信息系统相连，读取电子标签中的 EPC，并将其输入网络信息系统。EPC 系统的工作流程如图 10-1 所示。

信息网络系统由本地网络和全球互联网组成，是实现信息管理和流通的功能模块。EPC 系统的信息网络系统是在全球互联网的基础上，通过 EPC 中间件、ONS 和 EPCIS 来实现全球"实物互联"的。

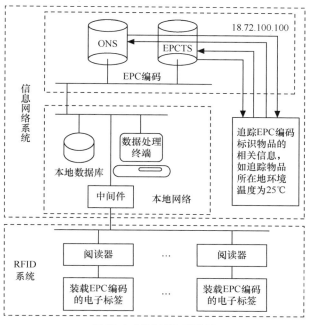

图 10-1　EPC 系统工作流程

如图 10-2 所示，在 EPC 系统结构中，信息网络系统包含 3 个组件。

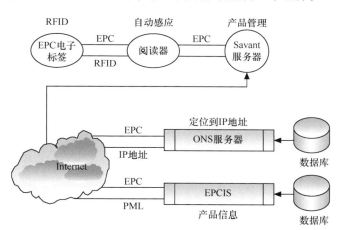

图 10-2　EPC 系统结构图

（1）EPC 中间件是具有一系列特定属性的"程序模块"或"服务"，并被用户集成以满足其特定需求，被称为 Savant。Savant 是用于加工和处理来自阅读器的所有信息和事件流的软件，是连接阅读器和企业应用程序的纽带，主要任务是将数据送往企业应用软件之前进行电子标签数据校对、阅读器协调等操作。

（2）ONS 服务器是一个自动网络服务系统，类似于域名解析服务，是给 EPC 中间件指明存储产品相关信息的服务器。ONS 服务器是联系 EPC 中间件和 EPC 信息服务的网络枢纽，且 ONS 涉及的架构也是以因特网域名解析服务为基础的，因此可以使整个 EPC 网络以 Internet 网络为依托，迅速建立架构并延伸到世界各地。

（3）EPCIS 信息服务提供了一个模块化、可扩展的数据服务接口，使 EPC 的相关数据可以在企业内部或者企业之间共享。EPCIS 处理的是与 EPC 相关的各种信息。EPCIS 有两种运行模式：一种是 EPC 信息直接应用于已经激活的 EPCIS 应用程序；另一种是将 EPCIS 信息存储在资料档案库中，以备今后查询时进行检索。

作为物联网的典型架构，EPC 系统的特点如下。

（1）开放的结构体系。EPC 系统采用了全球最大的共用的 Internet 网络系统，这就避免了系统的复杂性，同时大大降低了系统的成本，并且还有利于系统升级。EPC 系统网络是建立在 Internet 网络系统上的，可以与 Internet 网络所有可能的组成部分协同工作。

（2）独立的平台与高度的互动性。EPC 系统识别的对象是一个十分广泛的实体对象，因此，不可能有哪一种技术适用于所有的识别对象。同时，不同国家、不同地区的 RFID 技术标准也不相同。因此，开放的结构体系必须具有独立的平台和高度的交互操作性。

（3）灵活的可持续发展体系。EPC 系统是一个灵活开放的可持续发展体系，在不替换原有体系的情况下就可做到系统平滑升级。

10.2 EPC 编码

10.2.1 EPC 编码与条码

1970 年，商品条码在美国出现，引发了一次商业革命。现在，条码已应用于各个领域，给商业带来了便捷和效益。

1. 条码概述

条码由国际物品编码协会和美国统一编码委员会负责编制，目前已经成为全球通用的商务语言。条码主要分为以下 6 种，其中常用的条码为全球贸易项目代码（Global Trade Item Number，GTIN）和系列货运包装箱代码（Serial Shipping Container Code，SSCC）两种。

（1）GTIN 是为全球贸易提供唯一标识的一种代码，由 14 位数字构成，是 EAN 与 UCC 的统一代码。GTIN 贴在箱或盒上，与资料库中的交易信息相对应，在供应链的各个阶段流通并被读取。

GTIN 有 4 种不同的编码结构，分别为 EAN/UCC-14、EAN/UCC-13（即 EAN-13 码）、EAN/UCC-8（即 EAN-8 码）和 UCC-12，后 3 种结构通过补零可以表示成 14 位数字的代码结构。

（2）SSCC 是系列货运包装箱代码，它是为了便于运输和仓储而建立的临时性组合包装代码，在供应链中需要对其进行个体的跟踪与管理。SSCC 能使物流单元的实际流动被跟踪和自动记录，可广泛应用于运输行程安排和自动收货等。

（3）全球位置标识代码（Global Location Number，GLN），可以标识实体（货物、纸张信息、电子信息）、位置（物理的或职能的）或具有地址的任何团体。

（4）全球可回收费产标识代码。

（5）全球单个资产标识代码。

（6）全球服务标识代码。

2. 条码编码

物品信息数据采集的方法很多，主要可以分为条码扫描识别和 RFID 两种。商品条码是由表示商品信息的数字代码转换而得的一组规则排列的平行线条，它所表示的信息就是国际通用的商品条码。商品条码是商品的"身份证"，是商品流通于国际市场的"通用语言"。

商品条码的编码遵循唯一性原则，以保证商品条码在全世界范围内不重复，即一个商品项目只能有一个代码，或者说一个代码只能标识一种商品项目，不同规格、不同包装、不同品种、不同价格和不同颜色的商品，只能使用不同的商品代码。

（1）EAN 条码

EAN 条码是国际物品编码协会制定的一种商品用条码，通用于全世界。EAN 条码有标准版和缩短版两种，标准版条码用 13 位数字表示，又称为 EAN-13 码；缩短版条码用 8 位数字表示，又称为 EAN-8 码。EAN 条码目前已用于全球 90 多个国家和地区，我国于 1991 年加入 EAN 组织。

国书和期刊作为特殊的商品，也采用了 EAN-13 码，前缀 978 被用于图书号 ISBN，前缀 977 被用于期刊号 ISSN。我国图书被分配使用 7 开头的 ISBN 号，因此我国出版社出版的图书 ISBN 全部以 9787 开头。

EAN-13 码一般由前缀部分、厂商代码、商品项目代码和校验码组成。条码中的前缀码用于标识国家或地区，国际物品编码协会享有赋码权。厂商代码的赋码权在于各个国家或地区的物品编码组织，各国物品编码中心会赋予制造厂商代码。商品项目代码是用于标识产品的代码，赋码权由产品生产企业自己行使。条码最后 1 位为校验码，用于校验商品条码中第 1～12 位数字代码的正确性。

在编制产品代码时，厂商必须遵守商品编码的基本原则，即一个代码只标识一个产品项目，不同的产品项目必须编制不同的代码，以保证产品项目与其标识代码一一对应。针对我国 EAN-13 码，当其前缀码为"690"时，第 4～7 位数字为厂商代码，第 8～12 位数字为商品项目代码，第 13 位数字为校验码，条码的编码容量为 10 000 个厂商，每个厂商有 100 000 个商品项目的编码容量，总计有 1 000 000 000 个商品项目的编码容量。EAN-13 码在全球有 1 000 个国家前缀码容量，因此 EAN-13 码全球总计有 1 000 000 000 000 个商品项目的编码容量。EAN-13 码最多允许存在的商品项目总数如表 10-2 所示。

表 10-2　EAN-13 商品项目最大总数

	位　数	允许存在的最大数字
国家前缀码	3	1 000
厂商代码	4	10 000
商品项目代码	5	100 000
校验码	1	—
最多允许存在的商品项目总数	—	1 000 000 000 000

（2）UPC 条码

1970 年，美国超级市场委员会制定了 UPC 条码，美国统一编码委员会 UCC 于 1973 年建立了 UPC 条码系统，并全面实现了该码制的标准化。UPC 条码已成功应用于商业流通领域，对条码的应用和普及起到了极大的推动作用。现在 UPC 条码主要在美国和加拿大使用，其可在我们从美国进口的商品上看到。此外，中国产品出口到北美时也需要申请 UPC 条码。

UPC 条码的成功使用促进了 EAN 的产生。到 1981 年，EAN 已发展成为一个国际性的组织，且 EAN 码与 UCC 码兼容。EAN/UCC 码作为一种消费单元代码，被用于在全球范围内唯一标识某一种商品。

条码的出现给商业带来了巨大的便捷和效益，然而，随着经济全球化进程的推进，需要对全球每个商品统一进行编码和管理，条码无法满足这样的要求，因此电子产品编码（EPC）应运而生。电子产品编码（EPC）统一了对全球物品编码的方法，其可以为全球每个物品进行编码。

10.2.2 EPC 编码

EPC 编码是 EPC 体系中的核心与关键。在物联网应用中，EPC 编码与现行的 GTIN 相结合，因此 EPC 体系发展的初衷并不是取代现行的条码标准，而是从现行的条码标准逐渐过渡到 EPC 标准或者是在未来的供应链中实现 EPC 和 EAN/UCC 系统共存。EPC 体系的最终目的是达到对物理世界各个对象的唯一标识，通过互联网达到物物相联的理想状态，实现对物理世界各个对象的表示和访问。

EPC 是由版本号、域名管理者、对象分类、序列号这 4 个数据段组成的一组数字。它是由 EPCglobal 组织与各应用方协调一致的编码标准，具有以下特性。

（1）科学性：结构明确，易于使用和维护。

（2）兼容性：兼容了其他贸易流通过程的标识代码。

（3）全面性：可在贸易结算、单片跟踪等各个环节全面应用。

（4）合理性：由 EPCglobal、各国 EPC 管理机构、标识物品的管理者分段管理，共同维护，统一应用，具有合理性。

（5）国际性：不以具体国家、企业为核心，编码标准全球协商一致，具有国际性。

（6）无歧视性：编码采用全数字形式，不受地方色彩、语言、经济水平、政治观点的限制，是无歧视性的编码。

1. EPC 编码原则

（1）唯一性

为了确保实体对象的唯一标识的实现，EPCglobal 采取了以下措施。

① 足够的编容量。如表 10-3 所示，EPC 编码比特数可以从世界人口总数（大约 60 亿）到大米总粒数（粗略估计为 1 亿亿粒）变化，有足够大的地址空间来标识所有对象。

表 10-3 EPC 编码数量

比特数	唯一编码数	对象
23	6.0×10^6/年	汽车
29	5.6×10^8/年	计算机
33	6.0×10^9/年	人口
34	2.0×10^{10}/年	剃刀刀片
54	1.3×10^{16}/年	大米粒数

② 组织保证。为了保证 EPC 编码分配的唯一性并寻求解决编码冲突的方法，EPCglobal 通过全球各国编码组织来分配各国的 EPC 代码，并建立相应的管理制度。

③ 使用周期。对一般的实体对象，使用周期和实体对象的生命周期一致。对于特殊的产品，EPC 编码的使用周期是永久的。

（2）可扩展性

EPC 编码保留备用空间，具有可扩展性，确保了 EPC 系统日后的升级和可持续发展。

（3）保密性与安全性

EPC 编码与安全加密技术相结合，具有高度的保密性和安全性。

2. EPC 编码的结构

EPC 编码结构如表 10-4 所示。其中标头标识了 EPC 的版本类型，可用于确定后面码段的数据长度；管理者代码描述相关的生产厂商信息；对象分类代码记录产品精确的类型信息；序列号是货品的唯一标识。

表 10-4　EPC 编码结构

标头	管理者代码	对象分类代码	序列号
N_1 位	N_2 位	N_3 位	N_4 位

（1）标头

标头字段标识 EPC 的类型，并指出编码的总位数和其他各部分的位数。

（2）管理者代码

EPC 体系结构的设计原则之一是分布式架构，具体通过 EPC 管理者的概念来实现。EPC 管理者是指那些得到电子产品编码分配机构授权的组织。在电子产品编码分配机构向 EPC 管理者授权时，首先为 EPC 管理者分配一个唯一代码，即 EPC 管理者代码。在 EPC 的定义中，EPC 管理者代码作为独立的一部分，可以通过产品电子编码直接识别出 EPC 管理者的信息，以保证系统的可扩展性。

（3）对象分类代码

对象分类代码用 EPC 的一个分类编号来标识厂家的产品种类。对于拥有特殊对象分类编号者来说，对象分类编号的分配没有限制。但是 Auto-ID 中心建议第 0 号对象分类编号不作为产品电子码的一部分来使用。

（4）序列号

序列号用于 EPC 序列号编码。EPC 的序列号能唯一标识每一个物品。一个对象分类编号的拥有者对其序列号的分配没有限制，但是 Auto-ID 中心建议第 0 号序列号不作为 EPC 的一部分来使用。

3. EPC 编码的类型

目前，EPC 编码共有 3 种不同长度位数，分别是 64 位、96 位和 256 位。在保证所有物品都有一个 EPC 编码又可降低电子标签成本的情况下，建议采用 96 位，因为此类 EPC 可为 2.68 亿个公司提供唯一标识，每个生产厂商可以有 1600 万个对象种类，并且每个对象种类可以有 680 亿个序列号，这对大部分的产品而言这已经非常够用了。

若用不了那么多序列号，也可采用 64 位 EPC 来降低电子标签成本。但是随着 EPC-64 和 EPC-96 版本的不断发展，EPC 编码作为一种世界通用的标识方案也不足以长期使用，因而出现了 256 位编码。

到目前为止，已经推出 EPC-64 Ⅰ 型、Ⅱ 型、Ⅲ 型，EPC-96 Ⅰ 型，EPC-256 Ⅰ 型、Ⅱ 型、

Ⅲ型等编码方案，如表 10-5 所示。

表 10-5　EPC 编码方案

版本	类型	标头字段（位）	EPC 管理者（位）	对象分类（位）	序列号（位）
EPC-64	Ⅰ型	2	21	17	24
	Ⅱ型	2	15	13	34
	Ⅲ型	2	26	13	23
EPC-96	Ⅰ型	8	28	24	36
EPC-256	Ⅰ型	8	32	56	160
	Ⅱ型	8	64	56	128
	Ⅲ型	8	128	56	64

为了区别 EPC-64、EPC-96 与 EPC-256，EPC 数据结构国家标准规定了版本号长度大于 64 位的 EPC-96 的最高两位须为 00，EPC-256 的最高 3 位须为 000。如此定义了 EPC-96 的 EPC 版本号开始的位序列是 001，EPC-256 的 EPC 版本号开始的位序列是 00001。

（1）EPC-64 码

目前，研制出了 3 种类型的 64 位 EPC 编码。

① EPC-64 Ⅰ型。Ⅰ型 EPC-64 编码提供 2 位的版本号编码，21 位的管理者编码，17 位的库存单元和 24 位序列号。该 64 位 EPC 编码包含最小的标识码。21 位的管理者分区会允许 200 万个生产商使用该 EPC-64 码。对象种类分区可以容纳 131 072 个库存单元，远远超过 UPC 所能提供的库存单元数量，从而能够满足绝大多数公司的需求。24 位序列号可以为 16 000 000 件产品提供空间。

② EPC-64 Ⅱ型。Ⅱ型适合众多产品以及对价格反应敏感的消费品生产者。每一个工厂可以为超过 140 万亿不同的单品编号，这远远超过了世界上最大消费品生产商的生产能力。

③ EPC-64 Ⅲ型。除了一些大公司和正在应用 UCC / EAN 编码标准的公司外，为了推动 EPC 应用，可以将 EPC 扩展到其他组织和行业，如可以通过扩展分区模式来满足小公司、服务行业和组织的应用。因此，除了扩展单品编码的数量（如第二种 EPC-64 那样）外，也能增加可以应用的公司数量来满足要求。

EPC-64 Ⅲ型通过把管理者分区增加到 26 位，可以提供多达 67 108 864 个公司来采用 64 位 EPC 编码。67 000 000 个号码已经超出世界公司的总数，因而目前已经足够用了，并预留了空间给更多希望采用 EPC 编码体系的公司。

采用 13 位对象分类分区，可以为 8192 种不同种类的物品提供空间。序列号分区采用 23 位编码，可以为超过 800 万的商品提供空间。因此，对于这 67 000 000 个公司，每个公司允许超过 680 亿的不同产品采用此方案进行编码。

（2）EPC-96 码

EPC-96 Ⅰ型的设计目的是成为一个公开的物品标识代码，其应用类似于目前的统一产品代码（UPC）或 UCC/EAN 的运输集装箱代码。

域名管理负责在其范围内维护对象分类代码和序列号。域名管理必须保证对 ONS 可靠的操作，并负责维护和公布相关的产品信息。域名管理的区域占据 28 个数据位，可面向大约 2.68 亿家制造商。这超出了 UPC 12 的 10 万个和 EAN-13 的 100 万个的制造商容量。对象分类字段在 EPC-96 代码中占 24 位，这个字段能容纳当前所有的 UPC 库存单元的编码。序列号字段则是单一货品识别的编码。EPC-96 序列号对所有的同类对象提供 36 位的唯一辨识号，其容量为 2^{28}=68 719 476 736。与产品代码相结合，该字段将为每个制造商提供 1.1×10^{28} 个唯一的项目编号，超出了当前所有已标识产品的总容量。

（3）EPC-256 码

EPC-96 和 EPC-64 是为物理实体标识符的短期使用而设计的。在原有表示方式的限制下，EPC 代码作为一种世界通用的标识方案已经不足以满足长期使用了，更长的 EPC 代码表示方式一直以来就备受关注并酝酿已久。EPC-256 就是在这种背景下应运而生的。

256 位 EPC 是为满足未来使用 EPC 编码的应用需求而设计的。由于未来应用的具体要求目前还无法准确获知，因而 256 位 EPC 版本必须具备可扩展性，以使未来的实际应用不受限制。

出于对成本等因素的考虑，目前参与 EPC 测试所使用的编码标准大多采用 64 位编码结构，未来将采用 96 位或 256 位的编码结构。

10.3 EPC 电子标签和阅读器

电子标签与阅读器构成的识别系统是实现 EPC 编码自动采集的功能模块。电子标签是 EPC 代码的物理载体，附着在可跟踪的物品上，可全球流通，人们可对其进行识别和读写。阅读器与物联网相连，利用无线方式读取电子标签 EPC 编码，并将编码输入物联网，这是物联网的重要环节。

10.3.1 EPC 电子标签与 EPC Gen2

EPC 电子标签是电子产品代码的信息载体，主要由天线和芯片组成。其中，存储的唯一信息是 64 位、96 位或 256 位产品 EPC 编码。根据基本功能和版本号的不同，EPC 电子标签有类（Class）和代（Gen）的概念，Class 描述的是 EPC 电子标签的基本功能，Gen 代表 EPC 电子标签规范的版本号。

1. EPC 电子标签的分类

为了降低成本，EPC 电子标签通常是被动式射频标签。根据其功能级别的不同，EPC 电子标签可分为 5 类，目前开展的 EPC 测试使用的是 Class1 和 EPC Gen2 电子标签。

（1）Class0 EPC 电子标签

Class0 EPC 电子标签必须包含 EPC 代码、24 位自毁代码以及 CRC 代码。其主要功能包括：可被阅读器读取；可被重叠读取；可自毁；存储器不可以由阅读器进行写入；主要应用于物流、供应链管理，如超市的结账付款、超市货架扫描、集装箱货物识别、货物运输通道以及仓库管理等。

（2）Class1 EPC 电子标签

Class1 EPC 电子标签是一种无源、反向散射式电子标签。其除了具备 Class0 EPC 电子标签的所有特征外，还具有电子产品代码标识符和电子标签标识符。Class1 EPC 电子标签还有可选的密码保护访问控制和可选的用户内存等特性。

（3）Class2 EPC 电子标签

Class2 EPC 电子标签也是一种无源、反向散射式电子标签。其不仅具备 Class1 EPC 电子标签的所有特征，还包括扩展的电子标签标识符、扩展的用户内存、选择性识读功能。Class2 EPC 电子标签在访问控制中加入了身份认证机制。

（4）Class3 EPC 电子标签

Class3 EPC 电子标签是一种半有源的、反向散射式电子标签。其不仅具备 Class2 EPC 电子标签的所有特征，还具有电源系统和综合的传感电路。片上电源主要用于为电子标签芯片提供部分逻辑功能。

（5）Class4 EPC 电子标签

Class4 EPC 电子标签是一种有源的、主动式电子标签。其不仅具备 Class3 EPC 电子标签的所有特征，还具有电子标签到电子标签的通信功能、主动式通信功能和特别组网功能。

2. EPC Gen2

EPC 电子标签的 Gen 和 EPC 电子标签的 Class 是两个不同的概念。EPC 电子标签的 Class 描述的是电子标签的基本功能，EPC 电子标签的 Gen 是指主要版本号。例如，EPC Class1 Gen2 电子标签指的是 EPC 第 2 代 Class1 类别的电子标签，这是目前使用最多的 EPC 电子标签。

EPC Gen1 标准是 EPC RFID 技术的基础，EPC Gen1 主要是为了测试 EPC 技术的可行性；EPC Gen2 标准主要是为了使这项技术与实践结合，满足现实的需求。EPC Gen2 电子标签于 2005 年投入使用，为 Gen1 到 Gen2 的过渡带来了诸多益处。EPC Gen2 可以制定 EPC 统一的标准，识读准确率更高。EPC Gen2 电子标签提高了 RFID 电子标签的质量，追踪物品的效果更好，同时提高了信息的安全保密性。EPC Gen2 电子标签减少了读卡器与附近物体的干扰，并且可以通过加密的方式防止黑客入侵。

EPC Gen2 标准详细描述了第二代 EPC 电子标签与阅读器之间的通信，EPC Gen2 是指符合 "EPC Radio Frequency Identity Protocols/Class 1 Generation2 UHF/RFID/Protocol for Communications at 860～960 MHz"（EPC RFID 协议/第 1 类第 2 代 UHF/RFID/860～960MHz 通信协议）的电子标签。EPC Gen2 的特点如下。

（1）开放和多协议的标准

EPC Gen2 的空中接口协议综合了 ISO/IEC- 180006A 和 ISO/IEC-180006B 的特点与长处，并进行了一系列的修正与扩充，在物理层数据编码、调制方式和防碰撞算法等关键技术方面进行了改进，促使 ISO/IEC-180006C 标准于 2006 年 7 月发布。

EPC Gen2 的基本通信协议采用了 "多方菜单" 的方法。例如，调制方案提供了不同方法以实现同一功能，给出了双边带幅移键控、单边带幅移键控和反相幅移键控 3 种不同的调制方案供阅读器选择。

（2）全球频率

Gen2 电子标签能够工作在 860～960 MHz 频段，这是 UHF 频谱所能覆盖的最宽范围。世界不同地区分配了不同功率、不同电磁频谱用于 UHF RFID，Gen2 的阅读器能适用不同区域的要求。

（3）识读速率更大

EPC Gen2 具有 80 kbit/s、160 kbit/s、320 kbit/s 和 640 kbit/s 这 4 种数据传输速率，Gen2 电子标签的识读速率是原有电子标签的 10 倍，这使 EPC Gen2 电子标签可以实现高速自动作业。

（4）更大的存储能力

EPC Gen2 最多支持 256 位的 EPC 编码，而 EPC Gen1 最多支持 96 位的 EPC 编码。EPC Gen2 电子标签在芯片中有 96 字节的存储空间，并且具有特有的口令，具有更大的存储能力以及更好的安全性能，可以有效防止芯片被非法读取。

（5）免版税和兼容

EPC Gen2 宣布暂停任何特权以鼓励标准的执行和技术的推进，这意味着 EPC Gen2 标准及使用是免版税的，厂商在不缴纳版税的情况下可以生产基于此标准的成品。

EPC Gen2 电子标签将从多渠道获得，不同销售商的设备之间将具有良好的兼容性，这将促使 EPC Gen2 电子标签的价格快速降低。

（6）其他优点

EPC Gen2 芯片尺寸较小，是原有版本的 1/2 ~ 1/3。EPC Gen2 电子标签具有"灭活"（Kills）功能，电子标签收到阅读器的灭活指令后可以自行永久销毁。EPC Gen2 电子标签具有高读取率，在较远的距离测试读取率亦接近 100%。EPC Gen2 具有实时性，电子标签延后进入识读区也能被识读。EPC Gen2 电子标签具有更好的安全加密功能，阅读器在读取信息的过程中不会把数据扩散出去。

10.3.2　EPC 阅读器

EPC 阅读器的基本任务是激活 EPC 电子标签，与 EPC 电子标签建立通信联系，并在 EPC 电子标签与应用软件之间传递数据。EPC 阅读器与网络之间不需要个人计算机作为过渡。EPC 阅读器提供了网络连接功能，其软件可以进行 Web 设置、TCP/IP 阅读器界面设置和动态更新等。EPC 阅读器和电子标签与普通阅读器和电子标签的区别在于，EPC 电子标签必须按照 EPC 标准编码，并遵循 EPC 阅读器与 EPC 电子标签之间的空中接口协议。

1. EPC 阅读器的构成

EPC 阅读器的构成如图 10-3 所示，其通常由天线、空中接口电路、控制器、网络接口、存储器、时钟和电源等构成。

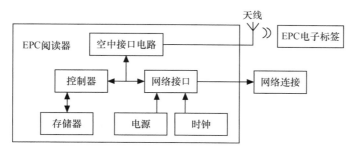

图 10-3　EPC 阅读器结构

空中接口电路是 EPC 阅读器与 EPC 电子标签信息交换的桥梁。空中接口电路包括收、发两个通道，主要包含编码、调制、解调和解码等功能。

控制器可以采用微处理器或数字信号处理器。数字信号处理器是一种特殊结构的微处理器，可以替代微处理器或单片机作为系统的控制内核。由于数字信号处理器提供了强大的数字信号处理功能和接口控制功能，因此数字信号处理器是 EPC 阅读器的首选控制器件。

网络接口应能够支持以太网、IEEE 802.11 无线局域网等网络连接方式，以使 EPC 阅读器不需要个人计算机过渡，直接与网络相连，这是 EPC 阅读器的重要特点。

161

2．EPC 阅读器的特点

EPC 阅读器是 EPC 电子标签与计算机网络之间的纽带。EPC 阅读器将 EPC 电子标签中的 EPC 编码读入后，转换为可在网络中传输的数据。EPC 阅读器的特点如下。

（1）空中接口功能

为读取 EPC 电子标签的数据，EPC 阅读器需要与对应的 EPC 电子标签采用相同的空中接口协议。如果一个 EPC 阅读器需要读取多种 EPC 电子标签的数据，则该 EPC 阅读器还需要与多种 EPC 电子标签有相同的空中接口协议，这就要求一个阅读器支持多种空中接口协议。

（2）防碰撞

EPC 系统需要多个阅读器，相邻 EPC 阅读器之间会产生干扰，这种干扰被称为阅读器碰撞。阅读器碰撞会产生读写的盲区或读写的错误，因此需要采取防碰撞措施，以消除或减小阅读器碰撞的影响。

（3）与计算机网络直接相连

EPC 阅读器具有与计算机网络相连的功能，即其不需要以另一台计算机为中介。EPC 阅读器像服务器、路由器等一样，是网络中的独立端点，支持 Internet、局域网或无线网等标准和协议，其与网络直接相联。

10.4 EPC 系统网络技术

EPC 系统网络技术是 EPC 系统的重要组成部分，主要为 EPC 系统提供信息支撑，实现信息管理和信息流通。EPC 系统的信息网络系统是在全球互联网的基础上，通过中间件（Savant）、ONS 以及 EPCIS 实现全球的实物互联的。

10.4.1 中间件

EPC 中间件被称为 Savant，是连接阅读器和应用程序的软件，可被认为是该网络的神经系统，故被称为 Savant。其核心功能是屏蔽不同厂家的 RFID 阅读器等硬件设备、应用软件系统以及数据传输格式之间的异构性，从而实现不同的硬件（阅读器等）与应用软件系统间的连接与实时动态集成。图 10-4 描述了 Savant 与其他应用程序的通信。

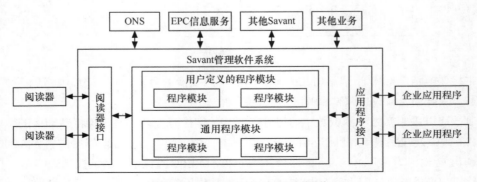

图 10-4　Savant 与其他应用程序的通信

Savant 系统完成的任务包括数据校对、阅读器协调、数据传输、数据存储和任务管理等。

（1）数据校对

处在网络边缘的 Savant 系统直接与阅读器进行信息交流时，它们会进行数据校对。但并非每个电子标签每次都会被读到，有时一个电子标签的信息可能会被误读，而 Savant 系统能够利用某些算法来校正这些错误。

（2）阅读器协调

如果从两个有重叠区域的阅读器读取信号，它们可能会读取同一个电子标签的信息，进而产生多余的相同的产品电子编码。Savant 的任务之一就是分析已读取的信息并删除冗余的产品编码。

（3）数据传输

在每一个层次上，Savant 系统必须要确定什么信息需要在供应链上向上传输或向下传输。例如，冷藏工厂的 Savant 系统可能只需要传输储存商品的温度信息即可。

（4）数据存储

现有数据库不具备 1 s 内处理超过几百条事务的能力，因此 Savant 系统的另一个任务就是维护实时存储事件的数据库，即系统能够实时取得产生的产品电子编码并且智能地将数据存储，以便其他应用程序有权访问这些信息，并保证数据库不会超负荷运转。

（5）任务管理

所有的 Savant 系统都有一套独具特色的任务管理系统，使 Savant 系统可以实现用户自定义任务，并进行数据管理和监控。例如，当货架上的产品减少到一定水平时，系统会自动向储藏室管理员发出警报。

10.4.2 物体标记语言

识别商品时，所有关于产品的有用信息都用一种新型的标准计算机语言（PML）编写。PML 是基于人们广为接受的可扩展标识语言发展而来的，是一种用于描述有关产品信息的计算机语言。

PML 通过一种通用的、标准的方法来描述人们所在的物理世界，它具有一个广泛的层次结构，其目标是为物理实体的远程监控和环境监控提供一种简单的、通用的描述语言。

PML 主要充当 EPC 系统中各部分间接口的角色。图 10-5 给出了一个例子以说明 Savant、第三方应用以及 PML 服务器之间的关系。

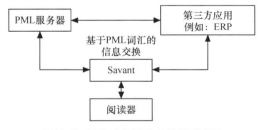

图 10-5 PML 充当 EPC 各部分间的接口

10.4.3 对象名称解析服务和 EPC 信息服务

ONS 主要为 Savant 系统指明存储产品相关信息的服务器，功能类似于域名解析服务，并且 ONS 设计与架构是以 Internet 域名解析服务为基础的。因此，整个 EPC 网络可以 Internet

为依托，迅速架构并延伸到世界各地。

EPCIS 是通过网络数据库来实现的，EPC 被用作查询指针，EPCIS 提供信息查询的接口，可与应用程序、数据库及信息系统相连。阅读器 EPCIS 曾经也被称为 PML 服务器，但现在并非必须用 PML 来进行存储和标记。

EPC 系统的工作流程可简述为：阅读器从 EPC 电子标签中读取 EPC 编码，Savant 处理和管理由阅读器读取的一连串 EPC 编码，并将 EPC 编码提供的指针传给 ONS，ONS 告知 Savant 保存该物品匹配信息的 EPCIS，保存该物品匹配信息的文件可由 Savant 复制，从而获得该物品的匹配信息。

10.5　EPC 框架下的 RFID 应用实例

本书以酒类防伪系统为例，讲解 EPC 框架下的 RFID 应用。

10.5.1　概述

长期以来，假冒伪劣产品不仅严重影响国家的经济发展，还危机企业和消费者的切身利益。为保护企业和消费者的利益，国家和企业每年都要花费大量的人力和财力用于防伪打假。RFID 技术作为一种新兴技术，被作为防伪手段，并形成了一股潮流。

RFID 防伪主要有两种方法：一是通过唯一的 ID 号配以算法实现安全管理；二是硬件方法，即电子标签内植芯片，且含有全球唯一的编码，该编码只能被授权的阅读器识别，同时电子标签内的信息与阅读器唯一编码一起通过网络发送到防伪数据库服务器进行认证。另外，当电子标签被损坏后，信息将无法被读取，这可以保护电子标签的内容不被窃取，从而达到防伪目的。

RFID 防伪目前在诸多行业都取得了一些突破，酒类防伪就是一个应用分支。通过 RFID 技术真正实现了酒类等商品在流通过程中的信息追溯和商品防伪。

10.5.2　系统结构

RFID 技术用于酒类防伪的基本思想是：通过基于 RFID 技术的酒类防伪系统解决方案，完成生产、流通等各环节信息的获取及加工处理，打造出一套管理流程合理、功能可扩展、信息编码一致、数据自动标识与采集、信息记录统一的酒类防伪信息系统，实现酒类物品在流通过程中的商品防伪和信息追溯，从而为企业的管理与信誉带来价值。

通过电子标签作为信息存储介质可实现对酒类产品防伪、物流、仓储信息的记录。系统分为公共防伪平台子系统、数据采集系统以及信息管理系统 3 个部分，如图 10-6 所示。

公共防伪平台系统：主要负责接收用户的 RFID 设备发过来的防伪验证请求，通过解析信息后发给信息管理系统，然后根据信息管理系统返回的酒类产品信息，按用户要求的发送方式响应用户端。

信息管理系统：主要负责存储、管理、查询、统计、分析由 RFID 设备传送来的信息，为公司领导、监管部门、销售部门做出合理的业务决策。

数据采集系统：主要负责响应所有 RFID 设备发过来的请求，并且根据业务需求将采集到的数据转发到相应的业务子系统，进行业务处理。

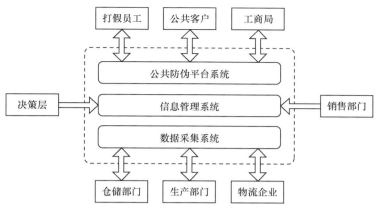

图 10-6 基于 RFID 的酒类防伪系统框图

1. 系统结构

公共防伪系统根据实际管理情况从上至下分为 3～5 层：RFID 公共信息平台、RFID 公共防伪平台、酒厂管理中心、集成单位与终端应用层。其中，集成单位封装电子标签并提交所有 UID 等编码信息给酒厂和公共信息平台；公共信息平台由密钥管理、分发管理、电子标签解析管理、电子标签基础信息管理与维护、公共服务和设备管理等系统组成，并通过中间件连接数据库；公共防伪平台由产品信息库、编码标准库、验证查询、电信通信管理、数据库信息调用等模块组成，其同样通过中间件连接数据库；酒厂管理中心由密钥导入、数据库信息反馈、电子标签嵌入、电子标签应用编码写入与更改、电子标签库存管理、仓储与流通渠道信息等模块组成；终端应用层包括酒厂的经销商、专卖店、消费者、查验员等。

2. 系统主要模块

酒类防伪平台系统主要功能模块如图 10-7 所示。

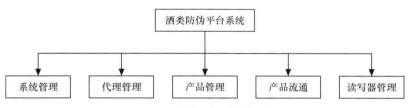

图 10-7 酒类防伪平台系统功能模块框图

系统管理模块主要实现对系统的维护与管理。系统许可证管理可进行分级别管理，能够添加不同级别的管理员，每个管理员还可以进行密码修改，而且不同级别的管理员有不同的操作权限，便于系统数据的安全管理。

产品管理模块记录箱子信息和单瓶酒的产品信息，箱子和单瓶酒上都有 RFID 电子标签，箱内封装相同类型的产品（酒），出厂时封装写入信息。卷标的信息包括品名、度数、规格、产品参数、生产日期、作业员、生产线等。

代理管理模块记录产品的库存信息，针对许多类型的库，如厂家库、中转库、代理商库、销售商库等，须把这些库都虚拟成代理人，每次出库扫描时都置"有效性"字段为无效，每次入库扫描时都更新"代理人"字段信息。

产品流通模块的包装计划是由车间主要负责人每天进行生产计划时制定的，其包括产品品名、规格、度数、输入计划生产的产量等。入库单是由仓库管理员核实入库产品的数量并确认入库和已入库后生成的。出库单是由仓库管理员调出出库管理，在出库明细里输入出库数量，选择阅读器，选择产品所要发送的代理商，提交窗体更新数据库里的出库窗体后生成的。出库的状态有预出库、核实出库和已出库 3 种。

阅读器管理模块的功能是由管理员、车间负责人或仓库管理员对生产车间阅读器、入库阅读器和出库阅读器进行设置，并选择用哪个阅读器进行扫描。

10.5.3 系统设计

1. 酒类产品 EPC 电子标签设计

用于酒类产品防伪的 RFID 电子标签在产品售出或消费时须一次性破坏（过程不可逆），以防造假者回收利用。根据原理的不同，酒类射频防伪电子标签有以下两种设计模式。

（1）软件设计模式

通过经酒类生产商授权的阅读器发送不可逆的自毁指令到已经出售给消费者的酒类产品卷标，通过指令设定卷标自毁的时间，在这个时间段内消费者可以通过防伪识别器进行真假识别。此种卷标设计困难，须加入时间控制模块，各功能模块如图 10-8 所示。

（2）硬件设计模式

通过 EPC 电子标签自身结构设计来完成电子标签破坏，使电子标签的物理模块不可逆地分离，如把读写模块和存储模块分别固定在瓶盖和酒瓶上，在开启瓶盖时就可破坏电子标签，如图 10-8 所示。目前已有此种类型的专利，此种模式的电子标签制作容易实现，但在电子标签的粘贴上却相对复杂。

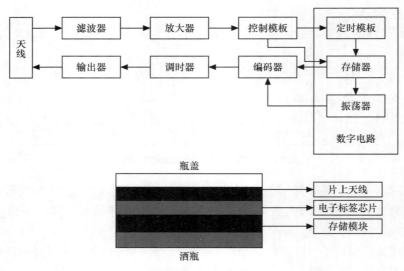

图 10-8　功能模块图

其中，EPC 编码结构标准包括 EPC-64、EPC-96 和 EPC-256。考虑到酒类产品出货量为中等，选择 64 位进行 EPC 编码。现有条码的主要数据信息为商品身份，其他包括生产厂家、产地、规格、生产日期等。EPC 电子标签存储的信息要远大于条码，但数据信息影响电子标签的读取速度，用 RFID 防伪是根据 EPCID 码进行数据库的检索操作，电子标签的数据格式关键在数据库的检索码（Data Searched Code，DSC）。基于上述考虑，酒类 EPC 电子标签数据信息设计代码由生产厂家、产品类型、产地和生产日期、单个产品的唯一序列标识码构成。

2. 防伪识别器的构架设计

防伪识别器（Identifying Counterfeit Equipment，ICE）是检测产品真伪的终端设备，由政府和酒类企业共同设立、管理，可通过视频显示消费者需要的真伪信息。ICE 类似于公用电话，分布于城市的主要街头，可被消费者方便地在销售酒类产品的地点附近找到。

（1）ICE 硬件设计

① 阅读器（Reader）：读取酒类 EPC 电子标签信息，并传送到处理平台。

② 工业计算机（Industry Computer，IC）：实现数据处理、传送、查询、显示。

③ 中间件：转换不同标准 Reader 和 IC 的连接。

（2）ICE 软件设计

① 用户操作平台：提供各酒类品牌操作界面，集成模块化软件设计，操作简单。

② 产品数据库系统：管理与电子标签数据对应的产品信息的查询、更新、删除等。

③ 数据传输系统：负责与信息管理中心的数据交换。

④ 阅读器控制模块：发送各种阅读器控制命令，实现电子标签数据读取、传输、定时"Kill"命令的写入。

（3）ICE 的特点

① 可读取不同酒类厂家的 RFID 防伪电子标签，统一酒类生产商的防伪方法，减少设置防伪识别器的费用（为了进一步降低成本，可以由政府部门牵头把香烟等假冒伪劣产品猖獗的行业的厂家集合起来，共同承担防伪识别器的设置费用）。

② 使用方便，操作简单，能在屏幕上可视化地显示产品的详细信息。

③ 有独立的数据库，能即时准确地调出所查询的产品信息，解决了现有电话、Internet查询打不通、连不上的问题。

EPC 电子标签数据库、产品信息数据库直接由生产厂家和政府相关部门共同管理。酒类厂家根据供给各地经销商的产品的电子标签中 UID 的不同，在对 ICE 的数据库进行数据导入时，可实现发送给每个防伪识别信息系统的数据库与各地经销商的产品相对应，没有重复性。如果经销商之间有窜货行为，则被窜货的产品不能被识别，被视为假货，这样可杜绝窜货行为。

防伪识别系统管理中心定期对数据库进行更新，对已识别的数据进行删除。各防伪识别器的数据库须尽量小，以加快数据处理速度。

10.6 本章小结

EPC 系统由 EPC 编码体系、RFID 系统和信息网络系统组成。其中，RFID 系统主要由电子标签和阅读器组成，信息网络系统主要由中间件、ONS 和 EPCIS 组成。本章首先重点介绍了 EPC 编码的特性和原则；然后对 EPC 信息网络系统组成做了说明；最后介绍了 EPC 在物联网中的应用实例。

1. 简述基于 EPC 的物联网 RFID 应用系统的工作过程。
2. 简述 EPC 系统的组成，并说明其各个部分的作用。
3. EPC 系统的特点有哪些？
4. 简述 EPC 编码的结构，并说明各字段的含义。
5. 简述中间件（Savant）的作用。

11
chapter

RFID 的应用实例

本章导读

作为物联网的基础，RFID 技术在各个行业中均有着广泛的应用。
本章介绍 RFID 的优势与应用前景，以及部分 RFID 的应用实例。

教学目标

- 了解 RFID 在各个领域的应用情况。
- 了解 RFID 技术的优势与应用前景。
- 掌握各种 RFID 应用的注意事项。

11.1.1 RFID 在电子证件中的应用

RFID 在电子证件方面应用广泛，二代居民身份证、电子护照和港澳通行证都是常见的 RFID 应用实例。该类证件通常采用符合 ISO/IEC 18000-3 标准的 13.56 MHz 高频 RFID 芯片，一般来说，此类芯片的有效读写距离在 3 cm 内。

1. RFID 在电子护照中的应用

一般来说，符合由国际民用航空组织（International Civil Aviation Organization，ICAO）颁布的 DOC 9303 规范，可以利用生物特征信息达到鉴别身份目的的电子证件，就是电子护照。电子护照能够在专门的仪器设备配合下，对持证者进行精准的快速鉴别。图像面部特征是最主要的生物信息特征，除此之外，指纹、虹膜等其他生物特征信息也可作为补充的鉴别信息。将多种生物信息特征利用编码、压缩等技术处理后存储于芯片中，然后采用多个生物特征信息、多种识别方法相结合的方式，即可实现可靠的身份识别。

1998 年，国际民用航空组织在将电子芯片技术应用到护照制作中后，电子护照的研发工作在各个国家陆续展开，电子护照的技术开始被应用到出入境的证件检查工作中。1998 年 3 月，马来西亚率先推出了存储有生物特征信息的电子护照。在两年后的 2000 年 2 月，马来西亚才开始陆续签发符合国际民用航空组织标准的电子护照。目前，第一代电子护照在全球 90 多个国家和地区使用。德国是第一个正式启用第二代电子护照的国家，其于 2007 年 11 月在欧盟首次发行了第二代电子护照。相对于第一代电子护照，第二电子护照除了存储持证者面部特征信息，还存储指纹信息，让护照的安全性得到了保证。

中国针对电子护照技术应用的研发脚步也是非常快的，于 2009 年启动了中国电子护照研发项目，随后在 2012 年 5 月 15 日，全国统一启用签发电子护照。该电子护照内置电子芯片，芯片中存有持证人的指纹等生物特征信息。在 2019 年发行了第二代隐私电子护照，护照内嵌有高性能 RFID 智能芯片，这是目前公共安全领域内无源 RFID 高端芯片的典型应用。

2. RFID 在二代身份证中的应用

第二代居民身份证使用的是非接触式 IC 卡，芯片采用的是兼容 ISO/IEC 14443 TYPE B 标准的 13.56 MHz 的电子标签。与我们生活中常见的各类 IC 卡有所不同，第二代居民身份证集成了个人安全数据的存储和数字防伪技术，提高了安全性和可机读性。

中国的第二代居民身份证系统总体上可分为两个部分：制发卡系统和应用系统。

（1）制发卡系统

整个制发卡系统由公安部门进行管理。第一步，由芯片制造厂家制作符合第二代居民身份证相关技术规范要求的非接触式 IC 卡的芯片；第二步，将制作好的 IC 卡芯片移交给封装厂进行封装，制作出符合技术规范要求的卡片；第三步，有关部门对卡片进行初始化设置，在初始化设置完成后，下发到各级公安制证中心。

接下来就是个人进行第二代居民身份证（以下简称二代身份证）的申领。申领二代身份证时，本人到公安部门填写申请与资料，并进行现场拍照。资料与个人照片会被上传至人口信息库，申请递交给制证中心。制证中心收到申请后，从人口信息库下载资料信息，然后进入身份证制作流程。将个人相关信息及照片印制在卡片上，在完成卡片印制后，将经过加密的数据由特种设备写入芯片中，并烧断熔丝，使芯片内容不可更改。

（2）应用系统

二代身份证的应用系统结构复杂，形式多样，二代身份证专用的阅读器是其主要组成部分。在各个环节中，二代身份证阅读器实现了身份证卡片信息读取的功能，将阅读器结合到各个应用系统中便可实现二代身份证信息采集和核验的功能。

我国二代身份证始发于 2005 年，至今累计发行的数量已超过了 10 亿，因此，我国成为了世界上最大的 RFID 市场。

11.1.2 电子证件的优势和隐患

相比传统的证件，电子证件优势明显，但同时也存在一些不足。

1. 电子证件的优势

相对于传统的证件，采用了 RFID 技术的电子证件有以下几点优势。

（1）增强了防伪性能

在证件中嵌入电子芯片，将各种个人基本信息存储在芯片中，并且利用加密技术对被存储的信息进行加密处理，既可实现证件与持证人的核验功能，又能确保存储于芯片中的数据的安全性，这从一定程度上防止了证件被篡改、伪造。

在核验证件时，通过设备采集相关生物特征信息，如面容特征、虹膜、指纹等，接着将采集到的信息与证件当中的持证人特征信息进行对比，即可确认持证人的合法身份。电子证件在提升伪假证件制作难度的同时，又为持证人身份鉴别提供了准确可靠的依据。传统的人工核验证件的方式，可靠性较差，电子证件只须通过 RFID 技术即可读取证件内存储的数据，并可进行证件数据的自动核对，方便快捷又可靠。

（2）快捷高效的手续办理

电子证件在提升证件安全性的同时，还将缩短证件核验时间，相对于传统的核验流程，更加快捷方便。传统证件在进行信息核验时，若证件上的照片和本人有较大差异，则须人工反复比对相貌等特征信息，耗时又不能保证准确程度。而电子证件发行后，可以使用机器直接扫描获取电子证件持证者的面部特征，并可直接由计算机进行特征信息比对。这种方式在证件核验和身份识别时更加准确、快速，为持证人办理各类手续等创造了便利条件，也使相关工作流程变得更为科学、合理。

2. 电子证件的隐患

电子证件虽然采用了 RFID 技术使用电子芯片存储信息，为持证人提供了各种便利，但仍存在一些隐患。

（1）隐私存在安全隐患

电子证件虽然有着加密技术的安全保障，但是却不是万无一失的。市面上仍然存在少数设备能够直接复制芯片中的信息，因此，如果电子证件未被妥善保护，则也有可能被伪造。

（2）证件芯片易受损害

电子证件内置的电子元件较为敏感，物理上的弯折损坏，长时间的极端温湿度环境，都会损坏电子证件。虽然我国身份证及护照都有有效期的规定，但是若保管不妥善，则芯片仍有可能在有效期内损坏，进而需要提前更换证件。

（3）证照自动识别精确度不够

目前，电子芯片中照片的存储形式是平面相片图，而证照持有者在图像采集时，采集到的头像会受到环境、表情等影响，这会导致识别精确度不够。

11.2 RFID 在防伪和公共安全领域的应用

11.2.1 RFID 在产品防伪中的应用

RFID 在产品防伪领域有着广泛的应用，一般的应用流程是：首先，在电子标签的芯片中存入产品的识别信息，同时将识别信息也存入服务器的数据库中。在产品的流通过程中，通过阅读器对产品上的电子标签进行数据读取，阅读器将读取到的信息通过中间件传递给服务器，服务器通过对比该信息与数据库中的数据，并将比对结果反馈回来，从而完成对产品的验证。RFID 技术产品防伪的流程如图 11-1 所示。

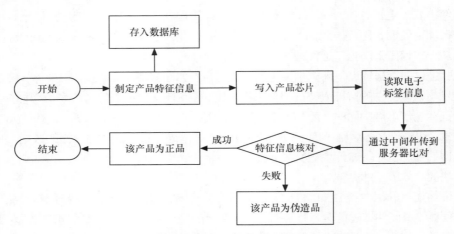

图 11-1 RFID 技术产品防伪流程

RFID 的原理决定了其安全性，因为电子标签的数据是一个独特的编码信息，这个编码可以不用加密，与这个编码对应的数据存储于另一个用于认证的数据库中，将电子标签与所代表的数据分离开来。当读取电子标签数据后，阅读器将电子标签唯一编码发送至产品认证服务器，产品认证服务器对该请求进行安全验证后，搜索数据库并调出所需数据，数据由服务器加密后发送给阅读器。这样，只要攻击者无法进入数据库，恶意获取的代码资料是没有任何意义的，不通过安全验证将得不到任何有用的信息，这样即可使产品内容得到保护。电子标签术和条码相比，条码信息是可视化的，容易被复制；而电子标签承载的是电子信息，能够进行加密，不容易被复制。

市面上常用的防伪技术有：水印图案、变色油墨、产品和包装上面的特殊标记等，成本较低，安全性较差，极易被短时间内仿制成功。而 RFID 技术的出现打破了现有局面，给我们带来了一种全新的防伪方法。

RFID 技术在防伪当中的应用主要体现在电子芯片的应用中，其电子芯片可以在特定地址中写入特殊编码方式编码而成的数据信息。这一信息只能在被授权的阅读器中被识别，识别后的数据与阅读器的唯一编码被传输至认证服务器进行认证。在服务器中，只有当两个数据都被确认有效后，才表示认证成功。此外，电子标签的完整性与数据完整性是一致的，当电子标签被损坏后，数据也会被损坏。在数据和物理双层面的保证下，RFID 技术可以确保防伪认证的唯一性和可靠性。

11.2.2　RFID 在安全管理中的应用

常见的公共安全领域包括了食品和药品以及公共场所等方面的安全管理。

1. RFID 在公共安全管理中的应用

在食品和药品等领域，RFID 技术的诞生意义重大。目前，RFID 技术在医药领域主要应用于：药品、器械的防伪与召回；药品、器械的流通与管理；确保合理用药；医院病患的身份识别。

RFID 技术可以帮助厂商和消费者及时了解商品的详细情况，包括其流通情况、商品相关详情以及商品溯源信息等，某些特殊的电子标签还能帮助厂商把握商品的物流仓储情况并加以控制。例如，许多食品和药品等的包装必须在特定的温度和低污染环境下储存运输。一些智能电子标签可以在产品储运过程中适时监控商品所在的环境温度：电子标签借特殊的芯片、天线、传感器等实时监测温度，并在环境温度达到设定的温度阈值时，警示厂家环境温度的变化。电子标签也可通过核对产品库存数据判断产品的销售情况。

此外，RFID 技术提高了商品的防伪效果，尤其在药品包装中，它的防伪功能已大大超过传统的条码。这有效地保障了公共安全。药品追溯系统流程如图 11-2 所示。

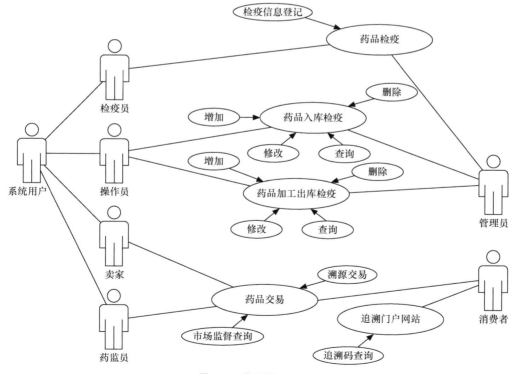

图 11-2　药品追溯系统流程

2. RFID 在校园安全管理中的应用

在校园安全管理方面，RFID 技术在出入管理系统中应用较多，结合门禁、监控以及报警设备，可实现校园安全实时管理。也有相当一部分是在校园公共设备管理中应用的。

以常规的门禁系统为例，整体流程是：首先，持卡人在阅读器上刷卡，由阅读器读取学生卡的编号；其次，通过后台软件，将卡号与持卡人信息以及门禁权限存入数据库中；然后，当持卡人要通过门禁时，只须刷卡，卡片编号就会被读取并传入后台，与数据库中存储的信息进行比对；最后，若信息比对成功，则可顺利打开门禁。整体的流程如图 11-3 所示。

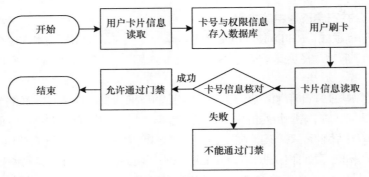

图 11-3　门禁系统流程

这是只读电子标签卡的一个简单应用，存在的安全隐患相对较多。对有更高安全要求的系统会采取安全标准更高的电子标签卡，并且会在卡片中写入加密信息，以提高系统的安全性。

11.3　RFID 在医疗卫生领域的应用

11.3.1　利用 RFID 完善医疗器械管理

医疗设备一般有两种管理模式：一是医疗设备的静态信息收集管理，包括设备的各类参数、价格等，属于设备的静态管理；二是设备的状态信息监测管理，包括设备的工作状态、维护维修状态等，属于设备整体的动态管理。相对而言，动态的医疗设备管理对于设备本身及其使用单位更有意义，通过动态管理监测设备的运行情况，能够高效地利用设备，并且能主动维护设备，以降低故障发生率。通过动态的管理将数据收集分析后，可利用大数据技术实现医疗设备资源的最大化利用。

在实际的场景中，医疗设备的管理往往繁杂多样，而动态管理则是更复杂的一个过程。如今，信息技术的广泛应用使动态管理的过程得到了优化。但是，信息化管理也面临着问题。目前，我国医疗设备信息化管理缺少统一的标准，不同的医疗设备厂商及使用单位所使用的信息格式、交换协议都不尽相同。因此，医疗设备的信息共享程度和使用率都降低了。现有的医疗设备管理模式不足以满足现代化管理的需求，利用 RFID 技术可以建立一套标准统一的高效管理系统。

RFID 技术在医疗设备管理上的应用，可以分为 3 个部分。

1. 常规信息

常规信息主要包括设备的自身信息，如参数、规格和设备状态等。此外，还包括设备的日常维护、维修信息，如设备的日常维护项目、维护周期和维护人员等。这一系列信息写入电子标签中，可供设备厂商进行相关查询，方便设备的日常维护。

2. 设备使用信息

设备使用信息主要包括设备的归属及使用信息，具体包含其使用单位、维护单位、归属单位、设备的资质认证信息以及设备所使用的耗材信息等。这些信息能够提高医疗设备的使用率，有利于医疗设备共享。

3. 信息通信

统一的标准化信息格式和通信协议。医疗设备信息既可以在计算机中进行信息管理，也可以（配合近场通信技术）利用手机进行便捷查询，使医疗设备可以在系统中进行多终端信息管理。

RFID 技术在医疗设备管理中的应用，可以提高设备维护和维修的效率。简单地读取电子标签信息便可以获取设备相关维护信息，查询数据库中该医疗设备过往的故障和维护信息以及维护人员信息，可使医疗设备在维护时更加轻松和具有针对性。

此外，医疗设备的使用单位可以通过 RFID 技术统计医疗设备的使用情况，便于使用单位对医疗设备进行管理，包括对医疗设备进行共享和更换，进而避免医疗设备资源的浪费。

目前，基于 RFID 技术的医疗设备管理系统还存在一些问题，以下两个问题较为突出。

（1）成本问题

由于电子标签成本不低，因此在医疗设备管理系统投入使用后，只有使用频率较高的医疗设备才使用电子标签，采取新的管理系统，这导致医疗设备的管理变为两个模式并行，容易产生管理上的混乱。想全面采取使用 RFID 技术的医疗设备管理系统，还有待于进一步降低电子标签的成本。

（2）标准统一的问题

目前，不同厂商的电子标签有不同的频率和信息格式。要想实现医院内部和医院外部医疗设备的信息共享和信息交换，有待于阅读器与电子标签技术的标准统一。

11.3.2 利用 RFID 优化门诊流程

传统的问诊流程存在一些问题，如流程时间长而医生问诊时间短，无法快速精确地向患者传递信息，患者隐私存在泄漏的风险等。

从整体来看，可以从减少流程时间和增强隐私保护两个方面入手来提升门诊的工作效率。从这两个需求出发，不难发现，RFID 技术能够提供一个不错的解决方案。

RFID 解决方案流程：首先，将患者信息绑定在 RFID 腕带中，患者在门诊流程中只须佩戴腕带即可。其次，腕带提供排队叫号等功能，提示患者前往对应诊室。接着，医生可通过腕带获取患者相关信息，包括但不限于患者个人信息、既往病史等。然后，医生可在腕带中记录诊断结果和相对应的化验单。接着，在进行检验时，将对应试管的 RFID 电子标签与腕带绑定，患者可凭借腕带获取化验结果。下一步，医生根据诊断结果将药方记录到腕带中，患者凭借腕

带前往收费处结账、交还腕带并打印发票。最后，患者前往药房取药，结束门诊流程。RFID
门诊流程如图 11-4 所示。

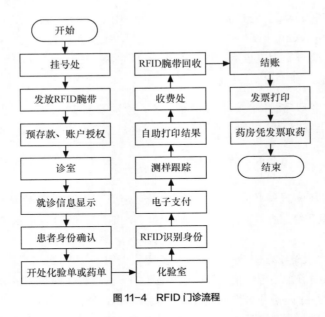

图 11-4 RFID 门诊流程

通过 RFID 技术对门诊流程进行优化，可减少门诊时间，提高门诊效率，尽可能地保护了
患者的隐私。

11.4 RFID 在交通领域的应用

11.4.1 车辆自动识别系统

基于 RFID 技术的车辆自动识别系统（Automatic Vehicle Identification，AVI）是车辆检测
识别的核心技术，常见于海关关口检查与道路临检。车辆自动识别系统一般有两种形式。

1. 固定基站 AVI 系统

固定基站 AVI 系统常见于各类检查站，其一般包含 3 个部分：第一部分为电子标签部分，
通常会将电子标签放置在车辆中；第二部分为数据采集与处理部分，通常会将天线布置在车道
旁，并配有高清摄像头，其余设备放置在检查站机房中；第三部分通常包括信号灯和闸门，通
过接收指令对车辆进行拦截或者放行。

当装配有电子标签的车辆经过检查站第一个线圈时，信号灯亮起，车辆停下，天线将接收
到的电子标签信息传递给阅读器，阅读器读取车辆信息，同时摄像头获取车辆图像并回传到系
统以进行处理。系统对阅读器传递的车辆信息进行处理，将其同系统中的数据以及摄像头获取
的车辆信息进行比对，当三者信息一致时，车辆被允许放行。当车辆被允许放行后，闸门开启，
车辆通过第二个线圈后，闸门关闭。固定基站 AVI 系统如图 11-5 所示。

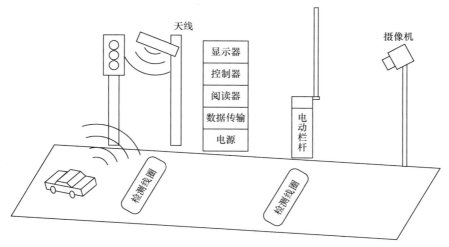

图 11-5　固定基站 AVI 系统

有源电子标签与无源电子标签皆可在系统中应用，但是两者有明显差别。无源电子标签的有效读取距离通常不超过数米远，而有源电子标签不仅达到了十几米的有效读取距离，还具有较强的抗干扰能力。

2. 移动式手持基站 AVI 系统

移动式手持基站 AVI 系统常用于各类临检、突发情况以及重大活动安保等，具有临时性与机动性。其作用与固定基站系统类似，功能上较为简单。

手持基站 AVI 系统也分为 3 部分，第一部分为具有防拆功能的有源电子标签，装配于车辆上；第二部分为手持式阅读器，用于稽查人员手持并对电子标签信息进行读取，且具有通信和定位功能；第三部分为后台系统，其根据阅读器回传电子标签信息来反馈相应车辆信息，并由人工进行核对。

11.4.2　不停车电子收费系统

ETC 在中国常应用于高速公路出入口，以实现高速收费功能，是目前最先进的车辆路桥收费方式。传统的人工收费方式下，车辆通过时间为十几秒，而 ETC 仅需要短短两三秒，可见 ETC 能有效减少停车收费造成的延误和拥堵。2019 年，中国上线中国 ETC 服务平台。2020年，中国高速公路将实现以 ETC 为主的收费方式。

1. ETC 相关模式标准

ETC 系统利用 RFID 技术、采取电子标签卡识别的方式，能在车辆移动的情况下快速识别车辆，从而达到自动化缴费并通关的管理功能。由于采用的 ETC 车载设备为高频有源电子标签，所以阅读器的有效读取距离能达到十几米。ETC 设备的工作频率一般确定在 5.8 GHz 附近，中国、日本和美国等大多数国家的标准定在 5.8 ~ 5.9 GHz 频段。

大多数国家采用 5.8 GHz 频段的主要原因有：首先，欧洲通信标准体系被多个国家作为参照，因此无线电频段分配大致相同。其次，相较于低频段，高频段的抗干扰能力较强，而且噪声较小。最后，5.8 GHz 频段的设备制造产业相对成熟，整体成本较低，更具有扩展性。

2. ETC 的工作方式

ETC 系统的主要组成部分包括车道控制系统、后台管理系统、管理中心、银行对接系统及网络。

车道控制系统负责收费站的闸门、显示器等外部设备的控制，还具有控制阅读器与电子标签的通信等功能。车道控制系统将信息回传至后台管理系统，由后台管理系统将数据统一管理。管理中心为整个 ETC 系统的核心，负责整个 ETC 系统的数据交换处理、收费结算功能、不同系统对接以及整个系统的统筹管理。ETC 系统结构如图 11-6 所示。

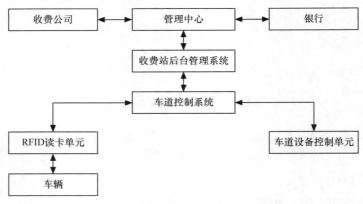

图 11-6　ETC 系统结构

中国目前的 ETC 办理流程简便快捷，车主可通过支付宝、微信小程序或者官方 ETC 微信平台进行免费申办，通过线上线下相结合的方式打通线上申办、线下送货上门、自主安装激活这一快捷流程。

当驾车驶入入口收费站时，处于休眠状态的 ETC 电子标签会被微波信号激活，开始工作。激活后的有源电子标签设备会主动发送相关信息，其被天线接收后，如果确认有效，则在电子标签中写入收费站入口处代码和时间等相关信息。当车辆驶入出口收费站时，经过相同的唤醒过程，读取车辆以及入口处信息，对信息进行处理并将结果传输至结算中心扣费，然后打开闸门放行。

如果持无效标识或无卡车辆，在经过收费站时，天线在确认无效性的同时，会关闭闸门以对车辆进行拦截，并且会启动摄像头记录车辆信息。随后还会将车辆信息及相关时间信息等一并记录到系统中作为后续处理的依据。

结算中心与银行收到收费站汇总的收费信息后，由银行系统进行扣费。如果用户账户余额过低，银行会通知其预存费用，当账户金额低于最小额度时，相应的电子标签卡会被标记为无效电子标签卡。

11.5 RFID 在物流领域的应用

11.5.1 RFID 在仓储领域的应用

以往物流仓储的管理通常为人工管理。如今，物流仓储虽然也进行了信息化管理的应用，但是仍旧不够全面。在物流仓储中引入 RFID 技术，可以提升物流仓储的管理效率，降低成本，

RFID 原理与应用

具体入库流程如图 11-7 所示。

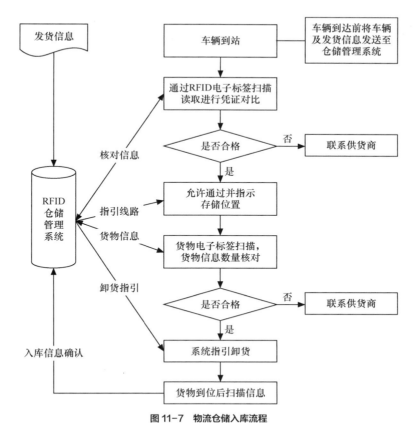

图 11-7　物流仓储入库流程

1. 货物装配

在装配阶段，首先将货物信息统一记录到对应的 RFID 电子标签中，并对货物进行分类包装；其次将 RFID 电子标签嵌入包装；然后由计算机利用相关算法，根据不同货物及其目的地进行路径规划；最后按照相应路径开始运输货物。

2. 运输过程

按照路径规划结果进行货物运输，在运输过程中，采用 GPS 系统对货物的运输路径进行定位监测，配合车载的电子标签阅读器，将车厢中的货物信息通过网络传输至服务器，以对货物进行运输途中监测。

3. 入库过程

仓储部门在装配阶段便能收到相关货物的信息，并会利用货物信息对现有的仓库空间进行货物仓储位置分配。在货物运输到仓储区域时，仓储部门会对货物进行核验并卸货。

4. 货物核验

在货物入库阶段的核验环节,采取仓库固定阅读器和手持阅读器相结合的方式读取货物信息，并将其与服务器中该仓库分配到的货物的信息进行自动核验，核验完毕后，打印清单，完成货物入库。

RFID 仓储系统通过全程电子化的运作，确保了货物仓储物流的准确性，降低了成本，提高了效率，同时极大地简化了仓储入库与出库流程。

11.5.2　RFID 在快递行业的应用

随着互联网的快速发展，快递行业迎来了高速发展期。快递行业在高速发展的同时，传统快递模式的弊端日益突显。将 RFID 的技术结合到快递行业中，可以在加快投递效率的同时，解决传统快递模式的弊端。

从 RFID 电子标签入手，在 RFID 电子标签成本低廉的情况下，利用 RFID 电子标签替代快递面单，是最直接有效的应用方法。该方法能够将以下几个环节的工作模式依托采用了 RFID 电子标签的包裹进行改进，从而达到提升整体运作效率的目的。

1．快递货物分拣环节

在快递分拣的过程中，传统的人工分拣模式存在暴力分拣、工作效率低下等问题。如果采取 RFID 技术，通过高频阅读器对快递包裹的 RFID 进行扫描，读取包裹分类信息，则可实现全机器化的自动分拣。这样，不仅能提升分拣速度，减少快递企业用人成本，还能降低因暴力分拣等问题而损坏快递货物的风险。

2．快递配送环节

在最后一公里的快递投递中，往往会出现配送脱节、货物积压乃至爆仓等一系列问题，也会存在用户隐私泄露的情况。利用 RFID 技术，使用电子标签替代快递面单，将用户信息加密后存入电子标签中，并在现有的快递柜中加装 RFID 读卡设施，便能很好地解决上述问题。这样既保护了用户隐私，又提高了快递柜的智能化程度和使用效率。

通过采用 RFID 技术，能够加快快递行业的智能化进程，提升行业的效益，在物联网时代给快递行业带来新的发展契机。

11.6　本章小结

近年来，RFID 技术在各个领域有着广泛的应用，作为物联网技术的核心，RFID 技术将会是各个领域创新发展、进入物联网时代的关键所在。

11.7　思考与练习

1．RFID 技术在哪些领域得到了很好的应用？

2．利用 RFID 技术在各行各业进行创新的关键点是什么？

3．试画出本章所提 ETC 系统的工作流程图，并利用有源电子标签等设备尝试开发一套 ETC 模拟软件。

附录 本书部分专业术语
英文全称与简称汇总

本书部分专业术语英文全称与简称汇总

中文全称	英文全称	英文简称
高级加密标准	Advanced Encryption Standard	AES
应用层事件	Application Level Event	ALE
振幅调制	Amplitude Modulation	AM
美国国家标准协会	American National Standards Institute	ANSI
应用程序接口	Application Program Interface	API
体系架构评估委员会	Architecture Review Committee	ARC
幅移键控	Amplitude Shift Keying	ASK
车辆自动识别系统	Automatic Vehicle Identification	AVI
自动标识与数据采集组织	Automatic Identification and Data Collection	AIDC
全球自动识别和移动技术行业协会	Automatic Indentification Manufacturers Global	AIM Global
二相移相键控	Binary Phase Shift Keying	BPSK
带宽	Band Width	BW
电荷耦合元件	Charge-Coupled Device	CCD
国际无线电咨询委员会	International Radio Consultative Committee	CCIR
码分多路法	Code Division Multiple Access	CDMA
逻辑控制单元或处理器	Central Processing Unit	CPU
循环冗余校验	Cyclic Redundancy Check	CRC
解决碰撞的时间间隔	Collision Resolution Interval	CRI
客户关系管理	Customer Relationship Management	CRM
连续波	Continuous Wave	CW
差分二相编码	Differential Binary Phase	DBP
数字域名系统	Digital Domain Name System	DDNS
数据加密标准	Data Encryption Standard	DES
目的信令点编码	Destination Point Code	DPC
差分相移键控	Differential Phase Shift Keying	DPSK
数据库的检索码	Data Searched Code	DSC
数据加密算法	Data Encryption Algorithm	DEA
欧洲物品编码	European Article Number	EAN
椭圆曲线加密	Elliptic Curves Cryptography	ECC
欧洲计算机制造协会	European Computer Manufacturers Association	ECMA
电擦除可编程只读存储器	Electrically Erasable Programmable Read Only Memory	EEPROM
可扩展标记语言	Extensible Markup Language	EML
电子产品码	Electric Product Code	EPC
电子产品代码信息服务	EPC Information Service	EPCIS
企业资源计划	Enterprise Resource Planning	ERP
欧洲电信标准协会	European Telecommunications Standards Institute	ETSI
电子不停车收费	Electronic Toll Collection	ETC
实体传输协议	Entity Transfer Protocol	ETP
美国联邦通信委员会	Federal Communications Commission	FCC

中文全称	英文全称	英文简称
频分多路法	Frequency Division Multiple Access	FDMA
频率调制	Frequency Modulation	FM
灵活宏块排序	Flexible Macroblock Ordering	FMO
铁电随机存取存储器	Ferroelectric Random Access Memory	FRAM
频移键控	Frequency Shift Keying	FSK
全球位置标识代码	Global Location Number	GLN
高斯最小频移键控	Gaussian Minimum Shift Keying	GMSK
全球定位系统	Global Positioning System	GPS
全球贸易项目代码	Global Trade Item Number	GTIN
高频结构仿真	High Frequency Structure Simulator	HFSS
集成电路	Integrated Circuit	IC
工业计算机	Industry Computer	IC
国际民用航空组织	International Civil Aviation Organization	ICAO
防伪识别器	Identifying Counterfeit Equipment	ICE
国际数据加密算法	International Data Encryption Algorithm	IDEA
国际频率登记局	International Frequency Registration Board	IFRB
物联网	Internet of Things	IoT
物联网信息发布服务	Internet of Things Information Service	IoT-IS
物联网名称解析服务	Internet of Things Name Service	IoT-NS
国际标准书号	International Standard Book Number	ISBN
工业、科学和医用	Industrial Scientific Medical	ISM
国际标准化组织/国际电工委员会	International Organization for Standardization/ International Electrotechnical Commission	ISO/IEC
国际标准连续出版物编号	International Standard Serial Number	ISSN
国际电信联盟	International Telecommunication Union	ITU
日本通用商品编码	Japanese Article Number Code	JANC
高频	High Frequency	HF
低频	Low Frequency	LF
学习管理系统	Learning Management System	LMS
线性反馈移位寄存器	Linear Feedback Shift Register	LFSR
底层阅读器协议	Low Level Reader Protocol	LLRP
国家信息技术标准化委员会	National Committee on Information Technology Standards	NCITS
微波系统	Microwave Frequency	MF
改进型调频制	Modified Frequency Modulation	MFM
材料搬运学会	Material Handling Institute	MHI
管理信息库	Management Information Base	MIB
多输入多输出	Multiple-Input Multiple-Output	MIMO
美国麻省理工学院	Massachusetts Institute of Technology	MIT

中文全称	英文全称	英文简称
近距离通信	Near Field Communication	NFC
非线性反馈移位寄存器	Nonlinear Feedback Shift Register	NFSR
反向不归零	Non-Return to Zero	NRZ
订单管理系统	Order Management System	OMS
对象名称解析服务	Object Name System	ONS
塑料双列直插式封装	Plastic Dual In-Line Package	PDIP
脉冲间隔编码	Pulse Interval Encoding	PIE
相位抖动调制	Phase Jitter Modulation	PJM
公钥基础设施	Public Key Infrastructure	PKI
相位调制	Phase Modulation	PM
物理标记语言	Physical Marking Language	PML
脉冲位置调制	Pulse-Position Modulation	PPM
相移健控	Phase Shift Key	PSK
正交相移键控	Quadrature Phase Shift Keying	QPSK
射频识别	Radio Frequency Identification	RFID
只读存储器	Read Only Memory	ROM
阅读器协议	Read Protocol	RP
里所码	Reed-solomon codes	RS codes
空分多路法	Space Division Multiple Access	SDMA
简单网络管理协议	Simple Network Management Protocol	SNMP
面向服务的架构	Service-Oriented Architecture	SOA
小外形集成电路	Small Outline Integrated Circuit	SOIC
静态随机存取存储器	Static Random-Access Memory	SRAM
系列货运包装箱代码	Serial Shipping Container Code	SSCC
时分多路法	Time Division Multiple Access	TDMA
泛在通信器	Ubiquitous Communicator	UC
统一编码协会	Uniform Code Council	UCC
超高频系统	Ultra High Frequency	UHF
日本的泛在识别码	Ubiquitous ID	UID
日本的泛在识别中心	Ubiquitous ID Center	UIDC
通用商品代码	Universal Product Code	UPC
通用串行总线	Universal Serial Bus	USB
单极性归零	Unipolar RZ	URZ
甚高频	Very High Frequency	VHF
无线局域网	Wireless Local Area Network	WLAN
仓储管理系统	Warehouse Management System	WMS

参考文献

[1]   ISO/IEC 14443:2001. Idetification cards-Contactless integrated circuit (s) cards-proximity cards [S].

[2]   ISO/IEC 18000:2004. Information technology-AIDC techniques-RFID for item management-air interface [S].

[3]   中国国家标准化委员会. 标准化的基本概念及其分类[DB]. 中国标准全文数据库.

[4]   中华人民共和国科学技术部第十五部委中国射频识别（RIFD）技术政策白皮书[S]. 2006.

[5]   樊昌信，曹丽娜. 通信原理[M]. 北京：国防工业出版社，2008.

[6]   付小红. RFID 在物流仓储管理系统中的应用研究及设计[D]. 淮南：安徽理工大学，2015.

[7]   康东，石喜勤，李勇鹏. 射频识别（RFID）核心技术与典型应用开发案例[M]，北京：人民邮电出版社，2008.

[8]   周晓光，王晓华，王伟. 射频识别（RFID）系统设计、仿真与应用[M]. 北京：人民邮电出版社，2008.

[9]   谭民，刘禹，曾隽芳. RFID 技术系统工程及应用[M]. 北京：机械工业出版社，2007.

[10]   单承赣，单玉锋，姚磊. 射频识别（RFID）原理与应用[M]. 北京：电子工业出版社，2008.

[11]   单承赣. 射频识别（RFID）原理与应用（第 2 版）[M]. 北京：电子工业出版社，2015.

[12]   黄玉兰. 电磁场与微波技术[M]. 北京：人民邮电出版社，2007.

[13]   黄玉兰，梁猛. 电信传输理论[M]. 北京：北京邮电大学出版社，2004.

[14]   黄玉兰. 射频电路理论与设计[M]. 北京：人民邮电出版社，2008.

[15]   黄玉兰. ADS 射频电路设计基础与典型应用[M]. 北京：人民邮电出版社，2010.

[16]   黄玉兰. 物联网射频识别（RFID）核心技术详解[M]. 北京：人民邮电出版社，2016.

[17]   李元忠. 射频识别技术及其在交通领域的应用[J]. 电讯技术，2002(5):5-9.

[18]   席丽丹. 物联网在门诊流程优化中的应用[J]. 医学动物防制，2010，26(10):978-979.

[19]   王晓东，吴亚利. 射频识别技术在医疗设备管理中的应用[J]. 影像研究与医学应用，2018，2(21):1-3.

[20]   周柏森. 射频识别技术在产品防伪上的应用[J]. 中国防伪报道，2008(12):23-25.

[21]   刘同娟，杨岚清，胡安琪. RFID 与 EPC 技术[M]. 北京：机械工业出版社，2017.

[22]   王爱玲，盛小宝. RFID 技术及应用[M]. 北京：中国物资出版社，2007.

[23]   王洪泊. 物联网射频识别技术[M]. 北京：清华大学出版社，2013.

[24]   彭扬，蒋长兵. 物联网技术与应用基础[M]. 北京：中国物资出版社，2011.

[25]   郭庆新，张卉，李彦霏. RFID 技术与应用[M]. 北京：中国传媒大学出版社，2015.

[26]   高建良，贺建飚编著. 物联网 RFID 原理与技术（第 2 版）[M]. 北京：电子工业出版社，2017.

[27] 俞晓磊. 典型物联网环境下 RFID 防碰撞及动态测试关键技术：理论与实践[M]. 北京：科学出版社，2019.

[28] 刘化君，刘传清. 物联网技术[M]. 北京：电子工业出版社，2010.9

[29] 唐拥政，王明辉，王春风. 物联网技术及应用[M]. 南京：江苏大学出版社，2014.

[30] 王焕生. RFID 重大工程与国家物联网[M]. 北京：机械工业出版社，2015.